KB198943

문해력이 진짜 쑥쑥! 초등국어 공부법

교사 학부모 모두를 위한 문해력 수업 지침서

문해력이 진짜 쑥쑥! 초등국어 공부법

박지희 지음

상상정원

문해력이 쑥쑥~ 자라는 갈래별 초등국어 수업

“우리 선생님이 제일 좋아하는 국어!”

1학년 아이들에게 국어책을 꺼내라고 하면 아이들은 합창하듯 이렇게 말합니다. 이제 막 초등학교에 입학한 1학년 아이들도 제가 국어 수업과 문해력에 정성을 들인다는 것을 금방 간파합니다. 1학년도 이 정도인데 고학년은 더 하지요. 학년 초 새로 만난 우리 반 아이들에게 작년에 가르친 아이들이 와서 하는 말은 이렇습니다.

“지희 쌤을 만났으면 읽으라는 책은 꼭 읽어야 하고, 글도 써야 해. 다른 건 넘어가도 책 읽기와 글쓰기는 그냥 넘어가는 법이 없거든.”

새로 만난 아이들이 잔뜩 주눅이 들면 한마디 덧붙입니다.

“걱정 마. 선생님이 읽어 주거나 같이 읽으니까 하나도 어렵지 않아.”

그렇습니다. 30여 년 교직 생활을 하면서 어느 학년을 맡아도 가장 중요하게 생각한 것이 국어, 즉 문해력과 책이었습니다. 아이들이 다음 학년에 올라가 학습할 때나 더 나아가 세상에 나아갔을 때 적어도 자신의 이야기는 말과 글로 제대로 표현할 수 있기를 바랐기 때문이었지요. 또 다른 사람의 말이 사실인지 아니면 그 사람이 주장하는 말인지 정도는 구분할 수 있어야 한다고 생각했기 때문입니다.

더구나 아이들의 두뇌 발달 측면에서 언어 민감기를 통과하는 초등학교 시절에 제대로 언어 능력을 키워 주지 못하면 책임을 다하지 못한다는 생각에 더욱 힘을 싣게 되었습니다. 언어 민감기는 언어를 배우거나 언어 기능을 습득하기 아주 쉬운 시기를 말합니다. 만 7세부터 12세까지의 초등 6년 시기, 이 시기가 아이들의 언어 능력을 키우는 데 가장 중요한 시기, 언어 민감기입니다.

부모나 교사가 아이를 양육하고 교육하는 최종 목적은 아이가 '건강한 삶의 주체'로 독립해 잘 살아가게 하는 데 있지 않을까요? 아이가 성장하면서 제때 갖추어야 할 기본 역량을 갖추지 못하면 자신이 속한 세상에서 주인으로 당당하게 살아가기가 쉽지 않습니다. 그래서 아이가 생활 역량, 인지 역량, 사고 역량, 정서 역량, 관계 역량을 제때 제대로 다질 수 있도록 힘을 쏟아야 합니다. 이런 역량을 기르는 데 가장 좋은 방법이 책 읽기라 생각했습니다. 책이나 다양한 텍스트를 읽고 세상을 읽으려면 문해력이 필요하다고 믿었던 것입니다.

문해력은 글을 읽는 것을 포함하여 읽은 내용을 파악하고 이해하며 판단하는 능력을 말합니다. 글로써 나의 인지와 정서, 사고력을 키우는 것을 말하지요. 또한 글을 읽는 것을 넘어 글이나 영상 등 다양한 자료를 읽고 자신의 관점으로 분석하고 비판하며 정리해 내는 것을 말합니다.

아이들과 '기후 위기'에 대한 이야기를 할 때였습니다. 기후 위기는 우리의 삶을 불편하게 하는 정도가 아니라 생존을 불가능하게 할지도 모른다고 할 때 한 아이가 이렇게 말했습니다.

"지구가 망해도 일론 머스크가 화성으로 가는 우주선을 개발하고 도시도 만든대요. 저는 우주선 탈 수 있게 돈이나 벌려고요."

이 아이는 학습 만화를 주로 보기는 하지만 글도 읽을 줄 아는 아이였습니다. 그러나 글을 읽고도 영상을 보고도 사실과 주장을 구분하지 못했고, 근거나 그 근거가 갖는 문제점을 알아채지 못했습니다. 문해력이 부족했던 것입니다.

문해력이 부족하면 이렇게 주어진 정보를 수동적으로 받아들일 뿐만 아니라 학교 생활의 기본인 수업에서도 소외됩니다. 학습은 거의 문자로 이루어져 있고, 그저 글자를 읽는 수준에서 해결되는 학습은 없습니다. 그래서 문해력이 없으면 사실 학습은 불가능하다고 봐야 합니다. 한글을 모르는 것은 말할 것도 없고 제 나이에 갖춰야 할 어휘력과 표현력, 독해력이 없으면 수업에서 소외되기 쉽습니다. 아이가 수업에서 느끼는 소외감은 자존감에 상처를 입히고 자기 효능감이 떨어져 무언가를 해내려는 의욕이 없어져서 점점 부모나 교사가 이루려던 목표와는 멀어집니다.

학습 의욕도 높고 친구들과도 잘 지내는 아이가 있었습니다. 긴 동화도 곧잘 읽어 내고 토론도 잘하는 아이였지요. 그런데 이 아이는 과학 시간만 되면 졸음과 사투를 벌이곤 했습니다. 태양계를 배울 때 과학 시간만 되면 왜 그렇게 조는지 물었습니다.

"해는 왜 계절에 따라 길어졌다 짧아졌다 하는지, 달은 왜 있다가 없어지고 달 모양은 왜 계속 바뀌는지 하나도 모르겠어요."

과학책을 봐도 이해가 되지 않는다고 울상을 지었습니다. 사실 고학년이 되면 많은 아이들이 사회나 과학을 어려워합니다. 읽어도 무슨 말인지 모르는 어휘가 많이 나오고 배경지식이 부족한 탓이지요. 그래서 문해력은 나이대별로도 자랄 수 있도록 길러 주는 동시에 수평으로도 성장할 수 있도록 도와줘야 합니다. 사회, 과학, 예술 등의 영역으로도 넓혀 줘야 하지요.

아이들에게 책을 읽어 주고, 함께 읽으면서 이야기를 나누다 보면 아이들의 문해력 상태도 진단하게 될 뿐만 아니라 아이들의 현재 상태를 알게 됩니다. '다른 사람의 마음을 읽는 데 서툴구나.', '내용 요약하기를 어려워하는군.', '이런 생활 기능이 부족하네.'와 같은 문제점을 파악하게 되면서 무엇을 어떻게 지원해 줄지 알게 되지요. 그래서 하루 10분이라도 아이들과 눈을 맞추며 읽어 주고 이야기하는 것은 무엇보다도 중요합니다.

또 아이들과 눈을 맞추고 읽고 이야기하다 보면 아이들의 정서는 물론 세상을 보는 눈까지 달라지는 것을 느낍니다. 아이들은 스스로 책을 읽는 독자로 성장하면서 자기 자신을 위로하기도 하고 다른 사람들과 소통하기도 하고 공감할 줄도 알게 됩니다. 아이들의 정서, 관계, 사회적 역량도 함께 자랍니다.

이렇듯 문해력은 배움과 학습의 토대이기도 하지만 가치관의 토대를 만들어 인격을 형성하는 바탕이 되기도 합니다.

"수능 국어 점수는 집을 팔아도 안 된다.", "결국 국어 잘하는 아이가 이긴다." 같은 다소 과장된 말들이 나올 정도로 문해력과 우리 아이의 국어 실력을 걱정하는 분위기 속에서 문해력을 제대로 가르쳐 주고 싶었습니다. 초등국어 수업에서 그 답을 찾았지요.

아이들의 문해력, 국어 실력은 저절로 자라지 않습니다. 가르쳐야 할 것은 가르쳐야 늘지요. 문해력을 제대로 가르치려면 문해력은 어떻게 발달하고 그 과정에서 중요한 것은 무엇인지, 또 구체적으로 아이들은 어떻게 배우면서 문해력이 자라는가를 알아야만 가르칠 수 있습니다.

문해력은 글자를 모르는 태아 때부터 주변에서 들었던 이야기, 특히 엄마 아빠의 이야기에서 시작됩니다. 이런 '뿌리 문해력'을 거쳐 한글 습득을 비롯한 본격적인 문자 학습이 이루어지는 '초기 문해력'으로 이어집니다. 문학 이외의 글도 읽을 수 있고 요약할 수 있는 '기본 문해력'을 거쳐 비판적 사고를 바탕으로 사실과 주장을 구분하고 어떤 의도나 관점을 파악할 수 있는 '기능 문해력' 순서로 단계를 밟으며 발전합니다.

한글을 읽는다는 것은 문해력의 출발 지점에 서 있다고 보면 됩니다. 제대로 유창하게 한글을 읽지 못하면 문해력 발달은 출발

하지 못한 기차라고 봐야 합니다. 한글을 읽을 수 있는 문해력 기차라도 제때 연료를 공급해 주지 않으면 달릴 수 없습니다. 각 시기마다 필요한 연료를 공급해 줘야 문해력은 발달합니다. 시기마다 어떤 문해력을 집중해서 키워 줘야 하는지 알아야만 가르칠 수 있습니다.

문해력의 격차는 개인의 탓이라기보다는 아이가 경험하는 기회의 양과 질의 차이에서 옵니다. 문자랑 친해질 환경과 적절한 교육의 기회를 제공하는 것은 어른들의 몫이지요. 학교에서는 문해력 발달 시기에 필요한 교육 과정을 체계적으로 운영하면서 기본 뼈대를 세워 준다면 여기에 살을 붙이고 피가 돌게 하고, 근육을 키우는 것은 가정의 역할입니다.

이전에는 학교에서 한글을 제대로 가르치고 책을 읽히는 것에 힘을 실었는데 가정과 함께 했을 때 눈에 보이는 아이들의 놀라운 성장세를 경험하면서 국어 학습을 하는 데 가정과 함께 할 수 있는 방안을 쭉 고민하고 실천해 왔습니다.

아이들의 문해 환경에 절대적인 비중을 차지하는 가정에서 어떻게 문해력의 기본, 바탕을 준비해 줄 수 있을지 안내하고 싶었습니다. 또 학교 국어 수업에서는 구체적으로 어떻게 문해력을 길러 줄 수 있을지 알려 주고 싶었지요.

이 책은 '1부 문해력, 가르쳐야 배웁니다'를 통해 문해력이란 무엇이고, 문해력은 어떤 과정을 거쳐 발달하는지, 또 각 시기별로 어떻게 지원해 줘야 하는지에 대해 안내합니다. 문해력 발달 단계에 따라 가정과 학교에서 무엇을 어떻게 가르칠 것인지를 구체적으로 일러 주지요. 정확한 한글 습득에 필요한 활동과 어휘 놀이, 기본 문장 쓰기, 독해력 키우기 활동을 안내합니다.

'2부 문해력, 갈래별 초등국어 공부로 키웁니다'는 문해력을 키우는 갈래별 초등국어 수업 방법을 담고 있습니다. 한글, 그림책, 동화, 시, 설명글, 주장글까지 갈래별로 어떻게 하면 좋은지 생생한 수업 경험 사례 중심으로 구체적으로 안내합니다.

한글 수업에서는 정확한 한글 습득 교육 과정을 하나의 자음을 예로 들어 설명합니다. 또 그림책을 비롯한 각 갈래의 텍스트를 제대로 읽고 감상하고 이해하고 비평하고 글 쓰고 말하는 방식을 안내하면서 문해력의 구체성과 깊이를 더하고자 했습니다.

각 장 말미에는 문해력과 초등국어 수업에서 학부모가 정말 궁금하고 알고 싶어 하는 사항을 Q&A 형식으로 정리했습니다.

저절로 되는 교육은 없습니다. 우리 문해력 교육의 큰 실수는 "크면 저절로 알아서 하겠죠?"에서 시작되었다고 봅니다. 가르치지 않았는데 제대로 배울 리가 없습니다. 한글도 국어도 문해력도 마찬가지입니다.

살아 있는 모든 것은 자라고 성장하려고 하는 본성이 있습니다. 자라고 싶어 하는 아이들을 돕는 마음으로 이 책을 썼고, 돕고자 하는 어른에게 도움이 되길 바랍니다.

박지희

차례

문해력, 갈래별 초등국어 공부로 키웁니다

1부

문해력, 가르쳐야 배웁니다

문해력, 제대로 알아야 탄탄하게 키운다

문해력, 제대로 알고 있을까?

소년 필레아스가 사는 나라는 낱말을 공장에서 만들어 냅니다. 그래서 사람들은 공장에서 돈을 주고 낱말을 사야 말을 할 수 있습니다. 이 나라에서는 돈이 많은 사람들이 낱말을 몽땅 사거나 고급스러운 낱말을 사서 자기들끼리 향유합니다. 가난한 사람들은 값싼 낱말이나 세일을 하는 별 쓸모없는 낱말을 사서 겨우겨우 살아가지요. 그러던 어느 날 주인공인 필레아스가 이웃집 소녀

시벨을 사랑하게 되었습니다. 필레아스는 시벨에게 고백할 낱말이 없어 곤충망으로 공기 중에 떠돌아다니는 낱말을 몇 개 잡습니다. 그런데 하필 그 낱말이 체리, 먼지, 의자였지요. 다행히 시벨은 체리, 먼지, 의자라는 말 속에서 필레아스의 진심을 알아봅니다.

그림책《낱말 공장 나라》(아네스드 레스트라드, 세용출판)의 이야기입니다. 낱말을 사야 간단한 의사 표현도 할 수 있는 나라, 그 나라의 이야기가 상상 속의 이야기로만 여겨지지 않는 까닭은 왜일까요? 우리 옛말 '낫 놓고 기역 자도 모른다.'는 속담이 떠오르기도 합니다. 배울 기회가 없어 낫을 보고도 기역 자도 모르는 자라고 낙인 찍혀 소통할 기회마저 잃은 사람들, 새로운 세계로 나아갈 기회를 잃은 자들의 답답함은 돈이 없어 낱말을 살 수 없는 사람들의 답답함과 억울함에 닿아 보입니다.

코로나19를 지나면서 문해력에 대한 이야기가 부쩍 많이 나왔습니다. "문해력이 문제다.", "교실이나 일상에서 실질적 문맹이 늘고 있다."와 같은 이야기가 나오면 부모들은 "내 아이의 문해력은 과연 괜찮을까?" 하는 불안감이 커집니다. 그러면서도 "문해력이 뭐지?", "한글 읽는 것이랑 문해력은 다른가?" 같은 의구심을 갖기도 합니다. 왜냐하면 지금까지 흔히 '문해력'이란 글자를 습득하고, 자연스럽게 읽고 필요한 것을 쓸 수 있는 능력 정도라고 생각했기 때문입니다. 더구나 문해력의 빈익빈 부익부 현상이 심각할 정도로 심해졌다고 하자 더욱 불안감은 커집니다. 코로나19 훨씬 이전에《학교 속의 문맹자들》(엄훈, 우리교육)이 나왔을 때만 해도 문해력은 일부 학습에 어려움을 겪는 몇몇 아이들의 문제일 거라 생각했지요. 하지만 지금은 사회 전반적으로 문해력이 얼마나 중요한지 소리 높여 이야기할 뿐만 아니라 문해력을 높이려는 다양한 시도를 하기도 합니다.

문해력, 왜 중요할까요? 문해력에 대한 이야기를 나누는 자리면 어김없이 등장하는 질문이 있습니다.

"우리 아이는 글자도 읽고 받아쓰기도 곧잘 하는데 문해력이 떨어진다고요?"

한글을 쉽게 읽고 쓰기도 하는데 왜 갑자기 문해력이 문제라는 것인지 이해할 수 없다고 합니다. 우리나라 한글은 배우기도 쉽고, 글자를 읽지 못하는 사람도 거의 없는데, 왜 새삼 문해력에 관심을 두는지 이해가 안 된다는 것이지요. 실제로 주변을 둘러봐도 한글을 읽고 쓰지 못하는 문맹은 거의 없습니다.

한글을 읽을 수 있다는 것과 문해력은 다른 것일까요? 글을 읽는다는 것은 문해력의 시작점일 뿐입니다. 문해력이란 글을 읽는 것을 포함하여 읽은 내용을 파악하고 이해하며 판단하는 능력을 말합니다. 글로써 나의 인지와 정서, 사고력을 키우는 것을 말합니다.

문해력은 읽고, 이해하고 판단하는 능력을 말합니다. 이를 통한 자기만의 사고의 틀을 만드는 전 과정이 문해력입니다.

문해력은 한글을 읽고 쓰는 수준을 넘어 글이나 자료를 읽고 자기 관점으로 해석하면서 세상을 볼 수 있는 눈이라 할 수 있습니다.

문해력, 그림책 한 권 읽는 데도 꼭 필요하다

1학년 아이들에게 《훨훨 간다》(권정생, 국민서관)를 읽어 주었습니다. 어느 산골 마을에 이야기를 좋아하는 할머니가 할아버지에게 맨날 이야기를 해 달라고 조릅니다. 하루는 할머니가 장에 가서 무명 한 필과 이야기 한 자리랑 바꿔 오라고 했지요. 이야기를 못 바꾼 할아버지는 농부에게 무명을 주고 황새의 몸짓을 두고 한 말을 이야기라고 바꿔 와서 할머니에게 들려줍니다. 할아버지가 할머니에게 이야기를 들려줄 때 마침 도둑이 들었는데, 도둑이 자기에게 한 말인 줄 알고 줄행랑을 친다는 이야기입니다.

이 그림책을 읽어 주다가 아이들에게 물었습니다. 할아버지가 장에서 무명 한 필을 이야기랑 바꾸려고 하는데 지나가는 사람이 얼마에 팔 거냐고 묻자, 할아버지는 이야기 한 자리면 된다고 하는데, 사람들이 장난하는 거냐고 오히려 화를 내고 가 버리는 대목에서 물었지요.

"무명 한 필과 이야기 한 자리를 바꾸자는데, 왜 사람들은 콧방귀를 뀌는 걸까?"

한 아이가 답했습니다.

"아까 선생님이 무명 한 필이 12m나 되는 긴 천이라고 하셨는데, 이야기랑 바꾸자니까 어이가 없어서요……."

이어서 "나라면 힘들게 짠 옷감이랑 이야기 한 자리랑 바꾸지 않을 것 같은데요." 하는 뉘앙스의 이야기들이 오가고 '바꿀 수 있다', '바꿀 수 없다' 찬반 토론도 한참 이어졌습니다.

누군가에게는 아무런 가치가 없을 수도 있는 이야기가 누군가에게는 밥보다 더 힘이 될 수도 있음을 나중에는 기억해 내길 바라면서 마저 읽어 주었습니다.

그림책 《훨훨 간다》는 할머니의 이야기 듣기 욕구가 얼마나 큰지, 또 할머니의 일주일 동안의 고된 노동과 이야기 한 자리는 충분히 교환할 가치가 있음을 마지막 장면에서 보여 줍니다. 이야기의 힘이 도둑을 물리치듯 인생의 고단함도 술술 넘어가게 해 줄 수도 있음을 잘 보여 주지요.

우연히 얻은 이야기 덕분에 제 발 저린 도둑이 도망가는 걸로 끝날 수도 있는 이야기가 '무명 한 필'이라는 어휘 안에 들어 있는 무게와 가치를 알게 되면서 이야기의 힘, 좋아하는 것의 힘까지 생각하는 기회를 가질 수 있었습니다.

이렇듯 문해력은 그림책 한 권을 제대로 읽는 데도 필요합니다. 그림책 《훨훨 간다》 한 권을 제대로 읽기 위해서는 무명천이 어떻게 만들어지고 '무명 한 필'은 어느 정도의 노력이 들어간 것인지 '무명 한 필'에 담긴 의미를 알아야 합니다. '무명 한 필'이라는 어휘를 알게 됨으로써 누군가는 당장 먹을 쌀이나 방을 덥혀 줄 땔감보다 이야기 한 자리가 더 절실할 수도 있음을 이해하고 공감하는 정서가 만들어집니다.

또한 이런 이야기 읽기를 통해 인생의 가치를 서로 다른 데 두고 사는 사람을 이해하고 존중하는 태도도 기를 수 있습니다.

배움이나 교육은 인지와 정서가 같이 만나 화학 작용을 하는 것입니다. 제대로 된 교육과 배움이 일어나는 데도 문해력은 꼭 필요한 것이라 할 수 있습니다.

문해력, 배움과 학습의 도구이다

읽기 능력이 미숙하면 글자를 읽는 데 뇌의 에너지 대부분을 쓰므로 책을 읽거나 텍스트를 읽을 때 자기 효능감이 떨어집니다. 수업이나 글 속의 어휘 80% 이상을 알지 못하면 책이든 수업이든 몰입하지 못합니다. 또래보다 어휘력이 2년 정도 늦으면 수업을 제대로 따라가지 못하고 있다고 보아야 합니다.

우리는 그 아이들을 '교실 속 문맹' 또는 '수업 속 문맹'이라 부릅니다. 글자를 몰라서, 어휘가 부족해서, 창의적 표현을 이해하지 못해서, 독해를 제대로 못해서 아이들은 소외되고 깊은 상처를 입습니다. 각 시기에 갖춰야 할 문해력이 부족하면 국어뿐만 아니라 수학, 사회, 과학 등 모든 학습에서 학습이 어려워집니다.

학년이 올라가면 아이들이 읽고 학습해야 할 텍스트의 범위는 흔히 생각하는 책의 범위를 넘어섭니다. 최근 수능 국어에서도 가장 많이 틀린 10개의 문항 중 8개의 문제가 독서 영역이었습니다. 독서는 인문, 사회, 과학, 시사 등 다양한 분야의 지문이 제시되는데 그 수준이 상당히 높습니다. 평소에 다양한 분야의 긴 글을 읽고 해석하는 훈련이 되어 있지 않으면 문제 해결은 거의 어렵다고 볼 수 있지요.

6학년 학급을 맡은 학년 초였습니다. 학급 임원 선거를 마치고 우리 학급에서 하고 싶은 행사를 기획해 보자고 회장 부회장이 방과 후에 저랑 도란도란 이야기를 나누고 있었지요. 회장을 맡은 아이는 아주 씩씩한 아이였는데, 그 아이가 진지하게 물었습니다.

"선생님, 선생님이 되려면 공부를 잘해야 하죠?"

그때는 한창 교대 커트라인이 상한선을 치고 있을 때였습니다.

"선생님이 되기 위해 공부를 그렇게 잘해야 하는지는 잘 모르겠지만 아마 지금과 같은 추세라면 공부를 잘해야 하긴 하지."

그때 그 아이는 두 눈을 반짝이며 이렇게 말했습니다.

"저도 공부를 진짜 잘하고 싶은데 공부를 어떻게 하는 건지 모르겠어요. 사회책을 읽어도 수학책을 봐도 무슨 말인지 정말 모르겠어요."

그래서 사회책의 어느 대목을 펴서 중요한 곳에 밑줄을 그어 보라고 했습니다. 아이는 거의 모든 글에 밑줄을 그었고 간단한 사실을 묻는 물음에도 답을 하지 못했습니다. 텍스트에 이미 드러난 내용이었는데도 말이죠.

6학년이면 추론도 하고 비판도 할 수 있어야 하는데, 아이는 간단한 사실조차 가려내기 힘든 문해력 수준이었던 것입니다. 사실 이 아이는 6학년이 되도록 국어 성적 기록에 독해력이 아주 부족하다는 평가를 받지 않았다고 합니다. 방금 배운 익숙한 문장으로 평가하는 수행 평가에서는 이 아이의 부족한 문해력이 드러나지 않았던 것입니다.

국어 수업을 간신히 따라오거나 교과서 정도 겨우 읽고 해석해 내는 아이들은 익숙한 글이 아니거나 새로운 정보를 제공하는 글, 미디어 자료, 심지어 스스로 찾아 읽는 책이라 할지라도 거의 읽고도 내용을 모른다고 봐야 합니다.

아이는 다음 날부터 여러 과목 문제지를 들고 다니며 묻고 또 물었습니다. 문제 자체를 이해하지 못해 자꾸 문제지의 낱말 뜻을 물었습니다. 문제지의 문제부터 다 해석을 해야 할 판이었지요. 그래서 6학년 문제지 대신 3학년 수준의 짧은 글부터 읽어 나가기로 했습니다. 매주 한 권씩 동화를 읽고 해석하고 어휘 공책을 만들고 문장 쓰기부터 시작했지요. 짧은 글을 요약하더니 꽤 긴 글도 요약하고 자기 생각을 조금씩 덧붙이기 시작했습니다. 다행히도 그 아이는 아주 성격이 밝고 외향적이라 자신의 부족한 부분을 드러내서 도움을 받을 수 있었습니다.

하지만 대부분의 아이들은 자신이 모른다는 것을 숨기기 때문에 조금 늦더라도 지원받고 보충할 기회를 얻기 어렵습니다.

대부분의 아이들은 자신이 이해하지 못하고 있다는 사실을 숨깁니다. 또래보다 어휘력이 2년 정도 늦으면 수업에서 제대로 이해를 하지 못합니다.

초기 문해력 수준이 이후 학습 성취에 80% 정도의 영향을 미친다고 합니다. 흔히 문해력은 국어 과목에만 영향을 준다고 생각하지만 실제로는 모든 과목에 영향을 줍니다. 계산을 잘하는 아이도 문장제 문제를 주거나 그림으로 문제를 제시하면 식을 세우지 못하는 경우가 많습니다.

예를 들어, "영수와 영희는 삼촌네 농장에서 사과 수확을 도와주기로 했다. 영수는 사과를 10개 땄고 영희는 사과를 5개 땄는데, 영수와 영희가 딴 과일의 차를 구하라."고 했을 때 손도 대지 못하는 아이들이 꽤 있습니다. 그러다 "10에서 5를 빼면 돼."라고 말하면, 빛과 같은 속도로 '5'라고 답을 하면서도 '5' 다음에 단위를 뭘 써야 할지 잘 모릅니다. 즉 계산력은 있지만 문해력이 없는 것이지요.

이런 문해력, 수학에서 문제 해석력은 학년이 올라가면 갈수록 복잡해집니다. 그래서 저학년 때 셈을 잘하던 친구들도 점점 수학을 포기하게 됩니다. 수학뿐만 아니라 사회, 과학, 역사, 외국어도 마찬가지입니다. 교과서를 읽는 데 어려움을 느끼는 아이들은 교과서 글자는 읽을 수 있지만 그 의미를 이해하지 못해 수업을 따라가지 못합니다.

문해력 부족, 자존감까지 떨어뜨린다

그림책 《눈물빵》(고토 미즈키, 천개의바람)을 읽으며 읽는 내내 불편함을 느낀 적이 있습니다. 모두가 아는 것 같은 수업 시간에 나만 모르는 상황에서 느끼는 인물의 소외감 때문에 불편했습니다.

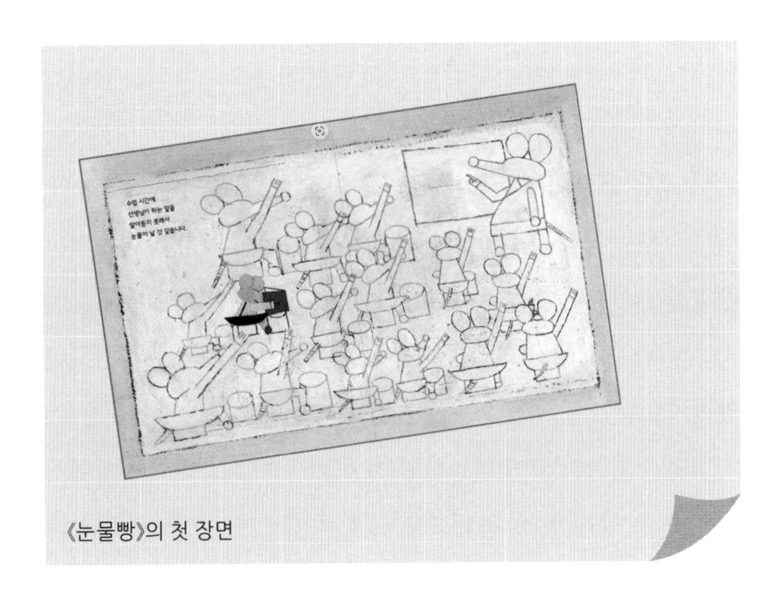

《눈물빵》의 첫 장면

이 그림책의 첫 장면은 주인공만 채색되어 있고, 다른 친구들은 파란 테두리선으로만 표현되어 있습니다. 주인공 생쥐가 책으로 얼굴을 가리고 있고 뭔가 불편한 모습입니다. 아이들은 모두 선생님의 질문에 서로 대답하려는 듯 손을 번쩍 들고 있는데, 주인공은 혹시라도 시킬까 봐 책으로 얼굴을 가리고 있습니다. 첫 문장도 이렇게 시작합니다.

"수업 시간에 선생님이 하는 말을 알아듣지 못해서 눈물이 날 것 같습니다."

수업 시간에 알아듣지 못해서 수치감과 소외감으로 눈물이 차오르던 그때, 쉬는 시간이 되자 생쥐는 아무도 없는 창고에서 손수건과 식빵이 젖도록 웁니다. 그러다 눈물 젖은 식빵 테두리를 지붕으로 던지는데, 새가 날아와 빵을 채서 맛보며 짭짤하다고 하지요. 덕분에 생쥐는 실컷 울고 후련한 마음으로 교실로 들어갑니다.

이 책은 눈물이 갖는 카타르시스의 힘을 말하고자 했겠지만, 교사라는 책임감 때문인지 수업 시간에 하나도 알아듣지 못하는 생쥐의 소외감이 마음에 걸렸습니다. 또 그렇게 한바탕 눈물을 쏟고 들어간 교실에서 다시 이어질 소외감이 예견되어 안타까움이 앞섰지요.

소외가 일상이 되어 버린다면 그 아이는 자존감을 유지하면서 살아갈 수 있을까요? 문해력을 갖추지 않으면 수업에서 생쥐가 느끼는 소외감은 일상이 되기 쉽습니다. 한글을 겨우 읽거나 간단한 문장 정도만 이해할 수 있는 아이가 복잡한 사건의 줄거리를 간추리고 이야기 뒤에 숨겨진 의도를 추론할 수 있을까요?

> 아는 어휘가 부족해서 읽어도 무슨 말인지 모르는 아이가 수업 속에서 느끼는 소외감은 이루 말할 수 없이 큽니다.

수업에서 소외감을 느낀 아이는 자기 효능감이 떨어져 자존감도 함께 낮아집니다. 문해력과 자존감을 이야기할 때 생각나는 아이는 1학년 한이입니다. 한이는 키도 크고 하얀 얼굴에 운동도 무척 잘하는 예쁜 아이였지요. 그런 한이가 아침마다 교실에 들어서지 못하고 한 시간 가량을 눈물바람을 했습니다. 처음에는 '아이들이 놀렸다', '화장실이 무섭다', '선생님이 무섭다' 등 이유가 다양했고, 아침마다 신발장 앞에서 등굣길에 같이 온 아빠를 붙잡고 늘어졌습니다.

소심하고 순한 아이라 크게 울지도 못하고 닭똥 같은 눈물만 흘리곤 해서 더 안타까웠지요. 한이가 어느 날 큰 소리로 울음을 터뜨렸습니다. 이유를 물으니 쉬는 시간에 친구들이 칠판에 자석 낱말 카드를 붙이고 노는 것을 가리키며 말했습니다.

"나는 한글 몰라요. 한글 읽으라고 할 거잖아요."

그날 알았습니다. 한이가 여태 교실에 선뜻 들어서지 못하는 이유가 한글 때문이었던 것입니다. 한이에게 아직 한글을 읽지 않아도 된다고, 한글을 읽으려면 한참 멀었고, 한이가 할 수 있을 때 읽을 거라고 했더니 눈물을 그쳤습니다. 그 뒤로 드라마틱하게 눈물이 사라진 것은 아니지만 한이의 눈물은 눈에 띄게 줄었고 한글을 누구보다 잘 읽게 되는 순간 울지 않게 되었습니다. 2학년으로 올라가는 날 한이는 저에게 앞뒤 가득 쓴 편지를 주었습니다.

"선생님 저에게 기역, 니은, 디귿, 리을…… 히읗까지 알려 주셔서 감사합니다. 숫자를 알려 주셔서 감사합니다. 합이 덧셈이라는 것을 가르쳐 주셔서 감사합니다."

1학년 교육 과정을 다 나열하면서 가르쳐 주셔서 감사하다는 편지를 써서 주었던 것입니다.

인간은 누구나 배우고 싶어 하고 성장하고 싶어 합니다. 아이들은 모르는 어휘가 나오기 시작하면 수업에 집중하지 않습니다. 그러면서 수업에서 소외되기 시작하지요. 수업에서의 소외는 수업 외적인 다양한 방식의 지원으로도 메꾸기가 어렵습니다. 언어는 아이들의 학습뿐 아니라 삶의 무대 크기를 결정짓는 무엇보다 중요한 요소입니다.

문해력, 세상을 보는 눈이다

파울로 프레이리는 문해력, 즉 리터러시를 정의할 때 세상을 읽기 위해서는 글을 읽을 수 있어야 하지만 글을 읽는 일은 늘 세상을 읽는 일이라고 했습니다. 문해력은 단순하게 주어진 텍스트를 읽어 내고 해석하는 것만이 아닌 그 텍스트 안에 있는 사회 문화적 의미나 정치적 의미도 비판적으로 이해하고 자신의 삶에 적용할 수 있는 것을 말합니다.

예전 6학년 교과서에 헬렌 켈러에 대한 글이 실린 적이 있습니다. 그 단원의 성취 기준은 관점을 파악하여 새로운 관점으로 인물에 대해 평가하는 것이었습니다. 흔히 헬렌 켈러 하면 장애 여성

책을 읽는다는 것

《조커, 학교 가기 싫을 때 쓰는 카드》(수지 모건스턴, 문학과지성사)에서 노엘 선생님은 학교도서관에서 빌린 책을 나눠 주고 소리 내어 읽어 줍니다. 아이들이 도서관 소유의 책이 무슨 선물이냐고 볼멘소리를 하자 노엘 선생님은 다음과 같이 말합니다.

"이 책이 법적으로 너희 소유는 아니지. 그렇지만 너희가 그 책을 길들이는 순간부터, 다시 말해서 그것을 읽는 순간부터 책은 너희 것이 된단다. 나는 너희에게 역사 선물, 인물 선물, 단어들, 문장들, 사상들, 감정들의 선물을 준 거야. 책을 읽고 나면 그 모든 것이 일생 동안 너희 것이 된단다."

이 내용은 책 읽기의 의미와 그것을 온전히 감상하는 것의 가치를 잘 말해 줍니다. 그런데 이 선물은 책을 온전히 이해했을 때만 받을 수 있지요.

이지만, 좋은 교사를 만나 배움의 기회를 얻고 여러 언어에 능통한 장애를 극복한 성공한 여성이라고만 생각합니다. 아이들도 위인전에서 그렇게 접한 정도였지요. 하지만 교과서 속 헬렌 켈러는 인권 운동가, 정치 활동가였습니다. 그녀는 여성 참정권론자이자 평화주의자였으며, 사형제 폐지 운동, 아동 노동과 인종 차별 반대 운동을 펼쳐 나간 실천가였습니다.

헬렌 켈러의 사회 참여에 대해 보수주의 언론들은 "헬렌 켈러가 누군가에게 조종당한다."라며 비난했다고 나와 있었습니다.

그 글을 수업에서 다루면서 글에는 어떤 인물이나 사건을 바라보는 글쓴이의 주관이 들어가 있음을 아이들이 알게 하는 데 목적을 두었습니다. 아이들은 그 과정을 거치면서 어떤 글이나 정보는 관점이 있으며, 정보나 텍스트, 미디어에 사회 문화적·정치적 관점이 얼마나 반영되었는지를 비판적으로 바라보기 시작했습니다. 아이들의 비판적 문해력을 키워 주는 값진 시간이었지요.

세상을 읽는다는 것은 보이는 것만을 보는 것이 아닌 보이는 것 뒤에 있는 모습을 추론하고 분석해 내는 것이기도 합니다. 특히 요즘처럼 저마다의 관점으로 쏟아 내는 텍스트가 많은 세상에서 비판적 문해력을 갖추지 않으면 세상을 제대로 보기 어렵습니다.

비판적 문해력은 그냥 저절로 생기지 않습니다. 글을 읽으면서 시대적·공간적 배경을 이해할 수 있어야 합니다. 어휘력도 갖춰 글을 읽으면서 추론할 수 있는 능력까지 있어야 자신의 관점으로 제대로 텍스트를 읽어 내고 세상 읽기를 할 수 있습니다. 그래서 문해력은 세상을 보는 도구이기도 합니다.

문해력, 삶을 성찰하고 성장하게 한다

《할머니의 용궁 여행》(권민조, 천개의바람)은 할머니가 용궁에 가서 병든 물고기들을 치유해 주는 단순한 이야기입니다. 이 책을 글자만 읽고 단순 사실만 이해한다면 이 책이 진짜 말하고자 하는 것이 무엇인지 알 수 없습니다. 그러나 현재 지구가 얼마나 많은 플라스틱으로 덮여 가고 있는지, 플라스틱의 역습으로 플라스틱이 돌고 돌아 사람에게까지 영향을 미치고, 지구촌의 플라스틱 문제가 얼마나 심각한지 제대로 알면 이 책이 단순하게 읽히지 않습니다.

이 책을 제대로 읽게 하기 위해 지식 그림책《플라스틱 지구》(조지아 암슨 브래드쇼, 푸른숲주니어)를 먼저 읽어 줍니다. 어떤 책을 제대로 읽고 해석해 내는 데 일반 상식이 기반이 되기도 하기 때문이지요.

《플라스틱 지구》를 먼저 읽어 주고《할머니의 용궁 여행》을 읽자, 아이들은 뉴스나 각종 미디어에 나온 고래나 거북이가 플라스틱 때문에 고통받는 영상이 그제야 이해된다고 했습니다.

그리고 얼마 후 아이들은 애써 교과 교사인 저를 찾아와서 "생수병 들고 다니는 것이 창피한 일이더라고요." 하며 텀블러를 들고 다닌다고 자랑하기도 했습니다. 또 가정에서는 아이들 성화에 생수 배달을 끊었다고도 했지요.

문해력은 이렇게 세상을 제대로 읽고, 그런 세상에서 살아가는 자신의 삶을 성찰하게 합니다. 또 세상과 어떻게 관계를 맺고, 살아갈지를 생각하게 하며 성장하게 합니다. 아는 만큼 보이고 볼 수 있는 자만이 자신을 성찰할 수 있기에 문해력은 인격과 태도를 형성하는 중요한 기반이기도 합니다.

문해력, 시민으로서의 권리다

세상의 주인으로 자신이 속한 세상을 읽어 낼 수 있는 눈이 문해력입니다. 읽어 낼 뿐만 아니라 말과 글 등의 다양한 표현 방식으로 자신의 생각을 드러내는 것 또한 문해력입니다. 그래서 문해력은 삶의 기술이자 시민으로서의 권리라고 합니다.

언어 능력이 시민 권리와 어떻게 관련 있는가를 잘 말해 주는 그림책이 《탁탁 톡톡 음매~ 젖소가 편지를 쓴대요》(도린 크로닌, 주니어RHK)입니다.

브라운 아저씨네 농장에서 젖소들이 농장 주인에게 하고 싶은 말을 타자로 쳐서 전달합니다. 농장 주인은 동물들의 요구를 안 된다고 딱 잘라 말하며 들어주지 않습니다. 그러자 다른 농장 동물들과 연대해서 파업에 이릅니다. 그런데 자신들의 주장을 타자로 쳐서 정확하게 전달하고 파업까지 하는 동물들에 비해 농장 주인은 협박으로 대응하다 농장 주인도 타자기로 자신의 의사를 정확하게 전달하지요. 그러자 동물들도 회의를 하며 협상에 이르는데 타자기를 내주고 동물들이 원하던 농장 환경을 바꿉니다. 이 과정에서 중간에서 심부름하던 오리는 농장 주인과 젖소들의 힘의 관계에서 가장 중요한 것이 타자기, 즉 언어라는 것을 알게 됩니다. 오리는 헛간에서 타자기를 주인에게 가져다주는 심부름을 해야 하는데 타자기를 연못으로 가져가 농장 주인과 편지를 하면서 오리들이 즐거운 삶을 살기 위한 연못 환경을 만들어 냅니다.

아이들은 토론을 하자고 했습니다. 토론 중 농장 동물들이 타자기를 내주고 동물들이 원하는 환경을 위해 전기담요를 얻을 때 아이들은 가장 격렬하게 토론했습니다. 아이들은 이미 타자기, 즉 언어의 힘을 알아서인지 그렇게 협상하면 안 된다고 아우성을 치기도 했지요. 더 이상 설명하지 않아도 아이들은 자기의 언어를 갖는다는 것, 그리고 자신의 욕구나 생각을 논리적으로 이야기하는 것의 힘을 이미 깨달았던 것입니다.

이처럼 자신의 의사를 정확하게 표현하는 문해력은 세상의 주인으로 살아가는 중요한 도구입니다. 문해력이 부족하면 사회 문제를 스스로 읽어 낼 수 없을 뿐만 아니라 다른 사람들의 삶을 읽어 내기도 쉽지 않습니다. 결국은 사회 문제에 침묵하는 시민, 다른 사람들의 삶에는 아랑곳하지 않는 입을 다문 시민이 되고 말지요. 그래서 요즘은 민주주의의 기본 조건으로 시민들의 문해력을 이야기합니다.

날로 심각해져 가는 가짜 뉴스나 비판보다는 비난이 주를 이루는 소셜 미디어, 문화 다양성의 증가 속에서 스스로 성찰하고 협력하는 비판적 민주 시민으로 성장하기 위해서는 문해력은 반드시 필요한 삶의 도구가 되었습니다.

그런데 문해력을 개인의 노력 여부와 개인의 역량으로만 보는 관점이 있습니다. 이런 관점은 반드시 극복해야 합니다. 문해력은 개인의 노력과 영역으로 제한하지 않고 사회적으로 보장해 줘야 할 권리로 자리매김해야 합니다. 권리는 보장받아야 하지요.

문자 문해력은 각 개개인의 삶의 질 향상을 위해서도 반드시 보장받아야 할 권리입니다. 그런 측면에서 《유튜브는 책을 집어삼킬 것인가》(김성우·엄기호, 따비)의 '아동의 읽기권'에 대한 이야기는 주목할 만합니다.

아동의 읽기권

① 아동은 기본적인 인권으로 읽을 권리를 갖는다.

② 아동은 인쇄물과 디지털 형식의 텍스트에 접근할 권리가 있다.

③ 아동은 자신이 읽을 것을 선택할 권리가 있다.

④ 아동은 자신의 경험과 언어를 반영한 글, 다른 사람들의 삶을 볼 수 있는 창을 제공하고 우리가 살아가는 다양한 세계로 통하는 문을 열어 주는 글을 읽을 권리가 있다.

⑤ 아동은 즐거움을 위해 읽을 권리가 있다.

⑥ 아동은 풍부한 지식을 지닌 리터러시 파트너에게 독서 환경을 지원받을 권리가 있다.

⑦ 아동은 독서를 위해 따로 긴 시간을 할당받을 권리가 있다.

⑧ 아동은 지역적으로나 전 세계적으로 다른 사람들과 협력함으로써 독서를 통해 배운 것을 공유할 권리가 있다.

지히 쌤
문해력
톡톡

Q 한글을 읽고 쓸 줄 아는데, 굳이 문해력에 힘써야 할까요?

A 문해력이 부족하면 학습 부진으로 이어지고 수업에서의 소외를 불러옵니다.

글자를 겨우 읽어도 문장이나 글을 읽고 이해하지 못하는 아이들은 한글을 제대로 습득했다고 보기 어렵습니다. 또한 글을 읽어도 무슨 말인지 모르는 아이가 수업 속에서 느끼는 소외감은 매우 큽니다. 문해력을 갖추지 않으면 소외가 일상이 되기 쉽고, 수업에서 소외를 느낀 아이는 자존감까지 함께 낮아집니다. 또래보다 어휘력이 2년 정도 늦으면 수업을 제대로 따라가지 못합니다. 그 아이에게 학교는 두려운 곳이 되고, 알아듣지도 못하는 학교에 날마다 가야 하는 아이의 고통은 이루 말할 수 없이 큽니다.

학교에서 공부를 시작한다는 것은 우리 아이들이 본격적인 학습 세계로 여행을 시작했다는 것을 의미합니다. 이때 아이들이 갖춰야 할 가장 기초적인 준비물이 문해력입니다.한글을 읽을 수 있다는 것은 문해력의 시작점일 뿐입니다.

이것만은 꼭!

문해력은?

- 문자를 읽고 이해하고 판단하는 힘입니다.
- 글을 읽고 다양한 사회, 문화, 역사, 정치적 의미를 이해하고 평가하는 힘입니다.
- 세상과 삶에 대해 공감하는 능력이자 학습의 토대입니다.
- 배움과 학습에 꼭 필요한 기초 도구입니다.
- 세상의 주인으로 당당하게 살아갈 시민으로서의 권리입니다.

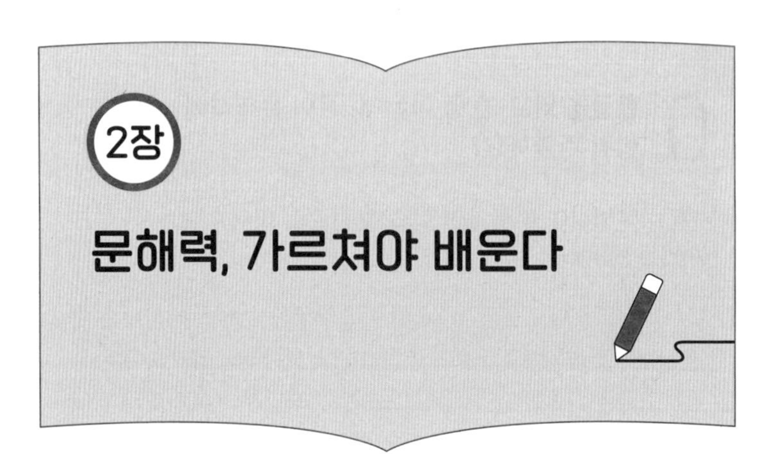

문해력 교육의 큰 실수, "크면 알아서 하겠죠?"

"문해력이 문제다.", "교실이나 일상에서 실질적 문맹이 늘고 있다."와 같은 문해력에 대한 이야기가 많이 나오면서 내 아이의 문해력은 괜찮은지 부모들의 불안감이 높아 가고 교사들도 어쩌라는 건가 하는 생각이 듭니다.

문해력이 중요하다고 하면서도 한글 습득을 위한 1학년 개정 교과서를 봐도 무엇을 어떻게 시작해야 하는 건지 체계가 느껴지지 않습니다. 또 학년이 올라갈수록 문해력의 범위는 넓어지는데 실제 교육 과정에서 어떻게 해야 하는지 안내도 없습니다. 그러면서도 "집을 팔아도 수능 국어에서 1등급 올리기는 어렵다."와 같은 불안감을 키우는 말들만 무성합니다.

교사들도 문해력의 중요성에 대해서는 알지만 문해력 교육을 어떻게 해야 하는지에 대해서는 체계적으로 답을 하지 못하고 있는 것이 현실입니다.

1, 2학년 때에는 곧잘 읽고 이해하던 아이가 3학년부터는 공부나 책 읽는 것에 전혀 관심을 두지 않는다는 이야기를 자주 듣곤 합니다. 1, 2학년 때 한글을 깨쳤다고 생각하고 문해력에 대한 걱정은 하지 않다가 아이가 3, 4학년이 되고 나서야 걱정하기 시작하는 것이지요.

아이가 책을 멀리할 뿐만 아니라 긴 글을 읽기 힘들어 하고, 여러 과목에서 부딪히는 다양한 어휘에 당황하는 모습을 보면서 부모와 교사들은 갸웃거리기 시작합니다. 그림책과 글밥이 많지 않은 책들을 곧잘 읽던 아이가 3, 4학년 때부터 책도 싫어하고 특히 사회나 과학 텍스트를 이해하지 못할 뿐만 아니라 수학 문장제 문제는 다 해석해 줘야 겨우 푸는 것을 보면 더더욱 당황스럽습니다.

당황한 부모들이 부랴부랴 국어 학습지나 학원을 찾아 전전하며 아이들을 보내 보지만, 쉽게 결과가 나타나지 않아 더더욱 초조해합니다. 국어 실력은 절대적인 시간이 필요하기 때문에 짧은 시간 안에 늘지 않습니다.

우리의 문해력 교육의 큰 실수는 "크면 저절로 알아서 하겠죠?"에서 시작되었다고 볼 수 있습니다. 문해력 저하의 문제가 초등 저학년 한글 습득과 한글 교육 이전의 뿌리 문해력에서 시작된다는 사실을 아는 사람은 별로 없지요. 특히 한글 떼기가 곧 문해력 교육의 시작이고 끝이라는 개념부터 잘못되었다는 것을 잘 모르고 있습니다.

사실 한글은 매우 쉽게 읽을 수 있기 때문에 제대로 가르친 적이 별로 없습니다. 가르치지 않았는데 제대로 배울 리는 더더욱 없지요. 한글을 제대로 배운 적이 없는 어른들이 가르치다 보니 아이들이 글자를 떠듬거리며 겨우 읽으면 대개 한글 교육은 멈추고 맙니다. 글자를 겨우 읽는 아이가 글을 읽고 그 내용을 이해하고, 또 그에 따른 다양한 생각을 할 수는 없지요.

> 한글을 겨우 읽거나 그림책을 스스로 읽는다고 한글 교육을 멈추는 데서 문해력 저하의 문제가 생기기 시작합니다.

가르칠 것은 가르쳐야 배웁니다. 운전하는 부모 옆에서 운전하는 것을 많이 봤다고 해서 운전할 수 있는 것이 아니듯이 말입니다.

각 시기별 갖추어야 할 어휘력과 문해 수준을 갖추지 않으면 학습이 매우 힘들어집니다. 문해력은 의식적인 가르침이 반드시 있어야 늡니다.

가장 효과적인 가르침은 가장 효과적인 배움에 대해 이해할 수 있을 때 가능하다고 합니다. 어떤 과정을 거쳐 아이들이 발달하는지, 어떻게 배우는지를 알지 못하면 제대로 가르칠 수 없지요. 문해력을 제대로 가르치려면 문해력은 어떻게 발달하고 그 과정에서 중요한 것은 무엇인지, 또 구체적으로 아이들은 어떻게 배우면서 문해력이 자라는가를 알아야만 가르칠 수 있습니다.

문해력, 발달 단계에 맞게 가르쳐야 한다

문해력은 수직 성장이 기본입니다. 문해력 발달은 연령대별로 다르기 때문에 성장 발달 단계에 맞게 키워 주어야 합니다.

문해력은 엄마 뱃속에서부터 학령기 전까지 자라는 '뿌리 문해력'에서 시작됩니다. 아이가 엄마 뱃속에 있을 때부터 부모가 편안한 마음으로 이야기를 들려주거나 책을 읽어 주면 아이는 정서적으로 안정됩니다. 아이는 이때부터 이미 들은 수많은 언어가 신기하고 아름답다고 느끼기 때문에 문해력의 뿌리가 튼튼하게 자리를 잡습니다. 글자를 직접 보여 주지 않더라도 책 속의 정선된 언어를 어른의 차분한 음성으로 들려주면 아이는 행복감을 느끼며 문해력의 뿌리를 잘 내립니다.

만 7세가 되어 학교에 들어와 문자를 배우는 저학년 시기를 '초기 문해력' 시기라고 합니다. 이 시기의 본격적인 문자 학습은 만국 공통입니다. 이 시기에는 뇌과학적인 측면에서 보더라도 문자를 의식적으로 가르쳐야 합니다.

유아기를 벗어나 초등학교에 들어오는 시기에는 두뇌 중에서 주로 두정엽과 측두엽이 발달합니다. 이 두정엽과 측두엽은 수학 개념과 문자를 인식하는 뇌입니다. 이 시기에 문자 교육이나 수학 교육을 하게 되면 두정엽과 측두엽에서 새로운 연결고리를 만들면서 뇌도 함께 발달합니다. 다시 말해 적절한 수 감각과 언어 능력을 키우면 새로운 뇌의 영역이 생긴다는 것이지요.

초등 저학년은 정확한 한글 습득과 문자 세상에 대한 인상이 좌우되는 시기입니다.

초등 저학년은 문해력 발달에 절대적인 영향을 미치는 시기, '문해력의 골든타임'입니다.

초기 문해력을 바탕으로 3, 4학년 시기에는 '기본 문해력'이 발달합니다. 이 시기에는 낱말과 문장, 글을 유창하게 읽을 수 있어야 합니다. 사실적 이해와 독해력이 자라나는 시기이기도 하지요. 다양한 분야의 어휘를 알아야 하고, 다양한 종류의 글을 읽을 수 있어야 하므로 이 시기에 꼭 필요한 어휘 불리기도 해야 합니다. 글의 형식에 따라 읽기 틀이 달라진다는 점도 알게 해야 합니다.

기본 문해력을 바탕으로 5, 6학년 시기에는 '기능 문해력'이 발달합니다. 이 시기에는 사실적 이해뿐만 아니라 추론적 읽기나 비판적 읽기를 할 수 있어야 합니다. 의사소통이 가능하도록 말하고 쓰는 다양한 방식을 익혀야 하지요.

이렇듯 문해력은 전 단계의 문해력에 바탕을 두고 단계적으로 성장하기 때문에 제때 제대로 된 문해력을 키워 주고 가르쳐야 합니다. 그래야 다음 단계의 문해력이 발달합니다.

문해력은 수직 성장과 더불어 수평으로 확장됩니다. 국어 시간이나 문학 작품을 통해서는 심미적 표현과 비유적 표현을 배우고 과학 시간에는 원인과 결과를 추론하는 논리 언어를 배웁니다. 사회 시간에는 서로가 영향을 주고받는 관계 언어를 배우고 유추하는 것을 배웁니다. 이런 과정에서 다양한 텍스트를 그에 맞는 읽기 방식으로 읽어 내고, 그 분야의 어휘를 익히게 되는 것이지요.

아이마다 보이는 문해력 발달의 차이는 개인의 탓이라기보다는 아이가 경험하는 기회의 양과 질의 차이에서 비롯됩니다. 충분한 경험과 문자랑 친해질 환경, 적절한 교육의 기회를 제공하는 것은 어른들의 몫입니다.

저학년, 문해력의 골든타임을 놓치지 마라

문해력과 학습력의 발달은 동심원 구조로 이루어집니다. 연못에 작은 돌멩이를 던지면 동그란 물결이 점점 밖으로 퍼지면서 동심원을 만들어 나갑니다. 돌멩이를 던지지 않으면 파동이 일어나지 않기 때문에 동심원은 만들어지지 않지요. 초기 문해력은 모든 동심원의 출발인 돌멩이를 던지는 행위 그 자체라고 볼 수 있습니다. 그래서 초기 문해력이 발달하는 만 7, 8세, 저학년 시기를 '문해력의 골든타임'이라고 합니다.

저학년의 문해력 및 학습 능력 발달 단계는 집 짓기 과정에 비유하면 터 잡기 과정이라고 볼 수 있습니다. 코로나19로 학교 문이 닫히면서 가장 걱정을 많이 했던 학년도 1학년이었습니다. 교사들은 이 시기에 아이들이 제대로 문자 세계에 들어오지 못하면 문자로 이루어지는 학습 활동에 얼마나 큰 지장을 받는지 경험을 통해 압니다. 그래서 온갖 방법을 써서 날마다 1학년 아이들에게 문자를 접하게 하려고 했고 가장 빨리 등교하게 했지요. 그럼에도 불구하고 아이들이 문자를 즐겁고 체계적으로 접하는 시간이 절대적으로 부족했습니다.

코로나19 시기에는 초기 문해력을 가정의 문해 환경에 의존할 수밖에 없었는데, 학생들이 등교하면서 그 격차는 구체적으로 보였습니다. 가정의 돌봄을 받으면서 어릴 때부터 책을 많이 접한 아이들은 빨리 회복한 데 반해 겨우 글자를 떠듬떠듬 읽고 만화나 휴대폰 동영상만 주로 본 아이들은 갑작스럽게 늘어난 어휘와 복잡한 문장에 당혹스러워했습니다.

학령기 이전이나 1학년 초기부터 우격다짐으로 한글을 일찍 배우게 하거나 책 읽기를 지나치게 강요하는 것은 오히려 초기 문해력 발달에 악영향을 줍니다. 배움은 더 나은 삶을 위해 나아가는 과정입니다. 특히 저학년은 배움뿐 아니라 언어, 언어를 둘러싼 분위기에 대한 인상, 다시 말해 정서가 결정되는 시기입니다. 학습 정서란 학습에 대한 기대감과 자신감, 가르치는 사람에 대한 호감도나 신뢰감 같은 것을 말합니다.

언어 학습에 대한 정서는 배우는 시스템이나 속도, 가르치는 사람이나 환경과의 관계가 좌우합니다. 또한 이 시기 아이들은 성장 속도가 저마다 달라서, 교육 과정은 촘촘하면서도 도전해 볼 만하다고 느낄 만큼 만만해야 합니다. 읽고 쓰고, 음소끼리 조합하고 탈락시키고 다시 음절끼리 조합하며 충분히 반복하며 놀 수 있어야 합니다. 이 과정을 흥미롭게 이끌어 갈 수 있는 교사나 어른과의 관계는 매우 중요합니다. 아이들에게는 이 같은 문해 환경이 필요한 것이지요.

저학년 시기의 아이들은 시스템이나 속도, 관계 등이 자신과는 상관없이 흘러간다는 느낌을 받을 때 불안해합니다.

불안감은 회피로 이어집니다. 학습의 회피는 이후 굉장한 학습 소외와 상실을 가져옵니다.

1, 2학년은 본격적인 문해력 출발 지점인 한글 습득이 확실해야 하는데, 한글 습득은 다음 네 가지 조건을 충족해야 합니다.

첫째, 음소 인식입니다.

음소 인식이란 자음과 모음의 소릿값을 알고 변별할 수 있는 인식을 말합니다. 모음이든 자음이든 자소가 어떤 소리가 나는지를 정확하게 아는 것을 말합니다. 또 소리를 듣고 그 소리 안에 있는 자소를 구분하는 것을 말합니다.

ㄱ이 첫소리로 왔을 때는 [그], 받침으로 왔을 때는 [윽] 소리가 난다는 것을 알아야 합니다. 그래서 'ㄱ'과 'ㅏ'가 만나면 [그아]에서 [가]로 소리가 난다는 것을 스스로 깨닫고 다른 모음과 결합되었을 때도 자연스럽게 읽을 수 있어야 합니다. 또 ㄱ이 받침으로 왔을 때는 [윽] 소리가 나서 '아 + ㄱ'은 [아윽]에서 [악]으로 읽을 수 있고, 악기나 악어에서 'ㄱ받침'을 구분해 내야 음소를 소리로 인식했다고 할 수 있습니다.

둘째, 유창하게 읽기입니다.

유창성이란 적정한 속도로 정확하게 낱말을 확인하고 그 의미를 살려 매끄럽게 읽는 것을 말합니다. 한 글자 한 글자 겨우 읽게 되면 아이들은 음절이나 낱말 단위에 시선이 고정되어 조사를 엉뚱하게 띄어 읽기도 하고, 읽고 나서도 전혀 무슨 말인지 모르고 읽습니다. 낱말 단위로 한눈에 읽고 낱말과 붙여 읽을 조사를 자연스럽게 이어 읽으며, 문장을 자연스럽게 읽을 수 있을 때 한글을 습득했다고 할 수 있습니다.

셋째, 일정 정도의 어휘 수입니다.

시기에 맞는 학습이나 스스로 독서가 가능하려면 마음껏 부려 쓸 수 있는 어휘 수가 일정 정도 되어야 합니다. 일반적으로 아는 어휘가 80%는 되어야 글이나 이야기에 몰입할 수 있다고 합니다. 글자를 읽을 수는 있지만 아는 어휘가 적을 때는 전체 내용이 그려지지 않아 글이나 이야기에 몰입이 안 됩니다. 일상생활에서 사용하는 어휘, 초등 저학년들이 보는 텍스트에 나오는 어휘를 알아야 내용도 이해하고 읽는 즐거움도 느낄 수 있습니다.

넷째, 기초적인 독해가 가능함을 말합니다.

독해란 문장을 읽고 읽은 정보와 나의 지식을 연결하여 글이나 텍스트가 주는 의미를 알아가는 과정을 말합니다.

> 저학년 시기에는 정확한 한글 습득을 해야 하고, 문자 세상에 대한 호감도가 높아야 합니다.

학교나 가정에서는 매일 책을 읽어 주어야 합니다. 어린 아이일수록 일정한 패턴이 있는 루틴에 안정감을 느끼기 때문에 일정한 시간에 편안하게 책 세상으로 들어오게 해야 합니다. 또한 읽어 주기도 하고 아이 스스로 소리 내어 읽을 기회도 주어야 합니다. 스스로 소리 내어 읽게 하면 틀린 곳을 찾아 수정할 수 있으므로 집중력 향상에도 도움이 됩니다. 이는 1, 2학년 문해력의 핵심인 읽기 유창성을 키우면서도 성취도를 확인하는 길이기도 하지요.

중학년, 어휘력을 늘리고 요약하게 하라

문해력을 키우는 과정을 집 짓기 과정에 비유해 보면 중학년 시기는 다양한 재료에 대해 탐구하고, 정보를 정리하면서 자료를 쌓는 시기라 할 수 있습니다. 집 짓기 재료도 바닥재에 필요한 것과 벽체와 지붕에 필요한 재료가 다릅니다. 각 재료들의 특성과 쓰임 등에 대한 정보와 함께 구체적인 재료가 있어야 지붕은 지붕 재료로, 벽체를 세울 때는 벽체 재료로 적절하게 쓸 수 있습니다.

이는 문해력을 키우는 과정에서는 언어의 적절성을 키워야 한다는 것을 말합니다. 정확한 한글 습득에 이어 다양한 글을 접하고 어휘를 익혀야 적절하게 사용할 수 있음을 말합니다.

중학년은 다양한 분야의 어휘를 알고 익혀야 하고, 글의 종류에 따른 읽기 방식을 익혀야 합니다. 어휘도 생활 어휘를 넘어서는 폭넓은 어휘를 알아야 합니다. 더구나 이때부터 교과가 나뉘면서 생활 속 어휘가 아닌 교과에 특화된 어휘들이 나오기 때문에 아이들은 어렵다고 느낍니다. 이때에는 어휘를 다양한 분야로 넓혀 줘야 합니다. 독서도 문학뿐만 아니라 다양한 분야로 확장해 갈 필요가 있습니다.

1, 2학년 때까지만 해도 책도 곧잘 읽던 아이가 3학년이 되고 나서는 급격히 책과 멀어지는 경우를 많이 봅니다. 1, 2학년 시기에 읽었던 책보다 글의 양이 많아지기도 하고 배경지식이 없거나 낯선 어휘가 나오면 책을 읽어도 무슨 내용인지 이해가 잘 가지 않

독을 할 수가 없습니다. 아이가 재미있어 하는 책부터 함께 읽
록 합니다. 어른과 함께 읽으면 아이들의 어휘와 배경지식은 폭
적으로 늘어납니다.

또한 문장이나 글의 형식에 대해서도 따로 공부해야 합니다. 문
이나 글의 형식을 아는 것은 자료를 독해하는 기본 바탕이 되는
식입니다. 독해력이 없으면 문해력도 자라지 못합니다. 따라서
시기는 문학 작품뿐만 아니라 이 시기에 읽을 수 있는 설명서
주장글, 제안하는 글, 역사나 과학책도 읽게 해 주면 좋습니다.
때에도 함께 읽으며 글의 종류에 따라 읽기 틀이 어떻게 달라지
지 경험하게 합니다.

예를 들어, 설명글을 읽을 때도 무엇을 설명하는 글인지, 글을
고 새롭게 알게 된 것, 잘못된 정보, 알고 싶은 것만 찾아가며 읽
방법을 함께 읽으며 익히면 좋습니다. 물론 그러기 위해서는 교
나 부모가 여러 종류의 글을 읽는 방법이나 글의 구조를 알면 좋
지만 함께 읽는 것만으로도 충분한 효과를 볼 수 있습니다.

이런 과정을 거치면서 아이들은 글을 읽고 주요 내용을 간추릴
있으며, 어떤 사건의 원인과 결과에 대해서도 자연스럽게 알게
니다.

또한 자신이 알게 된 것을 직접 요약하게 하고, 자신의 생각이
주장을 간단한 문장으로 표현하게 하는 것도 필요합니다. 인
의 캐릭터를 분석해 보고 인물에 대한 간단한 평을 한다든지,
건의 전개 과정을 요약한다든지, 이야기의 시간적·공간적 배경

기 때문입니다. 더군다나 이 시기까지 부모ㄴ
주는 경우는 흔하지 않습니다.

아이 입장에서는 갑자기 글밥도 많고 어려
당하기 힘들어 책 읽기에서 도망가게 됩니다.
면 책 속의 어휘를 접할 기회가 없어져 다양
업도 낯선 어휘투성이가 되고 말지요. 이 시기
함께 읽으면 자연스럽게 맥락에 맞게 어휘 풀
아이들의 어휘력도 저절로 향상됩니다.

> 중학년은 객관적인 지식이나 논리를
> 하는 시기입니다. 지식이나 정보를 스펀
> 지요. 이러한 인지적 정보들은 사고력의

중학년 시기는 읽거나 들은 것을 객관적으
자라는 시기이기도 합니다. 이 시기에는 교과
트의 수준이나 범위가 확 늘어납니다. 따라서
보나 텍스트를 수용하는 데 필요한 기능을 ㅂ
요합니다. 중심 문장이나 중요 정보, 이야기의
리는 활동은 이 시기에 배워야 하는 중요한 기

중학년 시기는 다양한 분야의 책을 혼자서
는데, 다독을 하기 위해서는 아이가 다독할 수
합니다. 혼자 읽으면서도 모르는 어휘가 많고

에 대해 파악해서 사건과 연관을 짓는 활동도 이 시기의 독해력과 함께 사고력을 키우는 활동입니다.

고학년, 유창성과 정교성을 키워라

문해력이라는 집을 짓는 과정에서 이 시기는 나름대로 집을 완성하는 과정이라고 할 수 있습니다. 집을 짓는다면 직접 집 주변의 환경과 자신이 살고 싶은 욕구를 바탕으로 적절한 재료와 구조를 생각하며 집을 구체적으로 설계하는 것이지요. 외벽은 유리로 할 것인가 돌로 할 것인가, 돌로 한다면 주변에서 얻기 쉬운 것인가, 미적으로 괜찮은 것인가를 판단하며 집을 설계할 수 있습니다.

이것을 '유창성'과 '창의성'이라고 하는데, 관용적인 표현이나 다르게 표현하는 활동을 통해 유창성을 키워 줄 수 있습니다.

고학년은 좀 더 넓은 범위의 어휘와 표현 방식을 배우고 사실과 의견을 파악할 수 있어야 합니다. 예를 들어, '난 화가 났다.'는 표현을 '돌맹이를 걷어찼다.'든지 '불도 켜지 않는 방안에서 이불을 둘러쓰고 씩씩거렸다.' 등으로 바꾼다면 유창한 표현이라 할 수 있습니다.

유창성과 함께 필요한 것이 정교성입니다. 비슷하지만 잘못 썼을 때는 전혀 다른 의미가 되는 말들을 가려서 정교하게 표현할 수 있어야 합니다.

6학년 글쓰기 시간이었습니다. '부모님을 보면서 가슴 찡한 순간'이라는 주제로 글을 쓸 때였습니다. 쓰기 전에 먼저 말로 표현해 보라고 했지요. "엄마가 하루 종일 집에 갇힌 거 같다는 생각이 들 때였어요.", "아빠가 세기 시작한 머리카락을 뽑고 계실 때였어요.", "아빠가 혼자서 식탁에 앉아 저녁을 드실 때였어요." 등 다양한 이야기가 나왔습니다. 이어서 아이들이 말한 내용을 글로 쓰기 시작할 때 한 아이가 물었습니다.

"선생님, 머리는 세는 거예요? 새는 거예요?"

"머리가 세다는 것은 머리통 힘이 아주 세거나 머리카락이 하얗게 세는 것이라 다행이지만, 머리가 새면 큰일인데?"

몇몇 아이는 알아듣고 웃었지만, 상당수 아이는 '뭔 소리야?' 하는 표정이었습니다. 그래서 그날 아이들과 '세다'와 '새다'를 가지고 다양한 문장 이야기를 했습니다. 그런데 어휘 불리기 활동 말미에 한 장난꾸러기가 자신은 그렇게 헷갈릴 때는 자기가 아는 말로 바꿔 '아빠 머리색이 하얗게 변했다.'라고 하면 된다고 했습니다. 그러자 아빠가 머리에 밀가루를 뒤집어쓴 것도 아니고 눈을 뒤집어쓴 것도 아닌데 갑자기 하얗게 변하냐는 둥, 그냥 '세다'를 배우라는 둥 한참을 설왕설래했습니다.

그렇습니다. 정확하고 정교하게 표현하는 데 '변했다'로 다 할 수는 없습니다. 따라서 이 시기에 필요한 어휘도 꼭 배워야 합니다. 문맥에서 파악해야 하는 낱말 뜻, 표준어와 방언, 비유적 표현, 속담이나 관용 표현은 고학년에서 새롭게 배워야 할 어휘입니다.

아이들이 자라면서 만나는 상황을 몇 개의 아는 낱말로 다 표현하기는 어렵습니다.

> 경험 세계가 넓어질수록 그 세계를 표현하는 언어는 좀 더 정교해야 합니다. 정교함은 의식적인 학습을 통해 더욱 정교해집니다.

고학년 시기에는 사회, 과학, 국어의 비문학 지문의 구조를 익히고, 내용을 정리하는 연습을 해야 합니다.

고학년의 문장 교육은 문장 성분의 기능을 알고 시제에 맞게 표현할 수 있도록 가르쳐야 합니다. 또 효과적이고 적절한 표현, 인상적인 표현이나 비유적 표현, 관용 표현을 사용하여 글을 쓰도록 지도해야 합니다.

아이들의 논리적인 사고력과 글쓰기 능력을 키우기 위해서는 의견이나 주장을 알맞은 근거를 들어 펼칠 수 있도록 가르쳐야 합니다. 글에 직접 드러나지 않는 내용을 추론하기나 문제 해결 짜임을 이용하여 말을 하거나 글을 쓰게 해야 합니다. 또 문제 해결 방안이 적절한지 판단할 수 있도록 지도해야 합니다.

고학년 시기에는 사실적 독해를 포함해서 글에 직접 드러나지 않는 상황이나 생각, 의견을 추론할 수 있고 자기 생각을 말할 수 있는 비판적 독해가 가능하도록 평소 훈련을 해야 합니다.

맥락 속 어휘는 힘이 세다

어휘는 생활에서 습득하는 생활 어휘가 있고, 책이나 학습 상황에서 접하는 어휘가 있습니다. 어휘 능력은 후자의 어휘 수에 좌우됩니다. 그렇다고 교과서나 책에 나올 만한 낱말을 따로 낱말 풀이만 한다고 해결되지는 않지요. 무엇보다 맥락 속에서 어휘를 습득해 가는 것이 필요합니다.

책만 많이 읽으면 문해력이 향상될까요? 책을 많이 읽으면 언어 능력이 훨씬 향상되지만 좀 더 깊은 언어의 속뜻이나 문장 내용을 파악하는 능력은 책만 읽는다고 저절로 생기지 않습니다. 좀 더 언어 능력을 키우기 위한 의식적인 노력과 언어 발달 시기에 맞는 적절한 지원을 해야 하지요.

5학년 아이들과 《책과 노니는 집》(이영서, 문학동네)으로 온작품 읽기를 할 때였습니다. 주인공인 장이 아버지가 죽음을 앞두고 누군가를 기다리며 숨을 거두지 못하고 있는데 최 서쾌가 여인의 장옷차림로 한밤중에 다녀간 뒤 장이 아버지는 숨을 거둡니다.

아이들은 여기서 낯선 낱말 '서쾌'가 뭔지 물었습니다. '서쾌'는 책 도매상을 말합니다. 조선 후기는 필사장이를 고용해 책을 필사하여 대여하는 일이 성행했습니다. "서쾌가 뭐예요?" 하고 묻는 말은 '서쾌'라는 낱말 뜻을 물어본 것이기도 하지만, 서쾌가 왜 필사장이였던 장이 아버지를 찾아오고 서쾌는 필사장이의 죽음과 어떤 관계가 있는지를 묻는 것이었지요. '서쾌'라는 낱말을 몰랐다면 그냥 누군가 죽음을 앞둔 사람을 둘러보려고 왔다고 생각하고 사고는 거기서 멈추고 말았을 것입니다. 또 남자 어른이 왜 여인의 장옷을 입고 왔는지에 대해서도 생각해 보지 않았을 것이고, 조선 후기의 한글 사용이나 서구 학문에 대한 탄압 등의 시대적 상황에 대해서도 고민 없이 지나갔을 것입니다.

그런데 '서쾌'라는 낱말의 뜻과 함께 책을 둘러싼 다양한 관계까지 알면 이야기를 이해하거나 몰입하는 정도가 달라집니다. 물론 '서쾌'라는 낱말을 혼자 공부했을 때도 알 수 있지만 함께 읽거나 낱말과 관련된 상황을 알려 주면 '서쾌'라는 낱말은 훨씬 입체적으로 살아납니다. 이것이 바로 맥락 속 어휘의 힘입니다.

또 한 예로 《우리 옛이야기 백 가지 2》(서정오, 현암사)에 나오는 '삼 년 걸린 과거길'에 나오는 다음 내용으로 아이들과 한 어휘 활동을 들 수 있습니다.

> "백성들은 땅이 없으면 양반 땅을 <u>부쳐</u> 먹고 살아야 했지. 그러니까 땅 주인한테 <u>매여</u> 살 수밖에 없지."

아이들은 새로운 어휘 '부치다'와 '매이다'를 공부하면서 과거 토지 소유제와 소작제에 대한 배경지식을 쌓게 됩니다. 그렇게 되면 이야기의 서사에서 다양한 감정을 느낄 수도 있고 남의 땅을 부쳐 먹고 살아야 하는, 그래서 매일 수밖에 없는 일반 백성들의 힘든 삶에 공감하게 되지요. 아무런 맥락 없이 '부치다'와 '매이다'를 가르쳤을 때와 달리 책이나 작품을 통해 가르치면 낱말의 의미가 입체적으로 다가옵니다. 자신의 경험을 '부치다'와 '매이다'와 관련지어 글을 쓰면 이 어휘는 완전히 아이 것이 되지요.

어휘는 단지 물체나 현상에 대한 호칭이 아닙니다. 어휘에는 어휘가 품고 있는 정서적 색깔, 향기와 맛이 담겨져 있습니다. '매이다'에서 느껴지는 쓰고 고단함도 함께 느낄 수 있어야 아이들은 언어 세계에 흥미를 가질 수 있습니다.

어휘를 둘러싼 맥락은 혼자 읽기로는 파악하기 어렵습니다. 언어 능력을 키우기 위한 의식적인 노력과 언어 발달 시기에 따른 의식적인 교육 활동과 더불어 온작품을 함께 읽음으로써 비로소 어휘가 맥락적이고 입체적으로 살아납니다.

독해 능력도 가르쳐야 자란다

문해력은 독해 능력을 기반으로 자랍니다. 글을 읽거나 문제를 읽고 무슨 말인지 이해를 못 하면 다음 단계로 나아갈 수 없습니다.

독해력에 영향을 미치는 것은 형식에 대한 배경지식,
내용에 대한 배경지식, 언어에 관한 배경지식입니다.

형식에 대한 배경지식은 동화나 설명글, 주장글 등 각 종류의 글이 갖는 독특한 구조와 형식에 대한 지식 및 기능을 말합니다. 글의 구조와 형식에 대한 배경지식이 있으면 그 글의 내용을 파악하고 글을 이해하는 데 도움을 줍니다. 따라서 아이들에게 어떤 글을 읽을 때 글의 형식을 알게 하는 것이 중요합니다. 문학적인 글뿐만 아니라 다양한 텍스트를 읽을 기회를 주고, 그 글을 읽을 수 있는 읽기 틀을 익히게 해 주어야 합니다.

내용에 대한 배경지식은 글에서 다루는 사물이나 사건에 대한 일반적인 지식을 말합니다. 우리가 낯선 여행지로 여행을 갈 때도 여행 장소와 그곳에서 만나게 될 문화에 대해 미리 공부하고 가면 여행지에서 마주칠 장면이나 문화 현상에 전혀 다른 느낌을 갖게 됩니다. 어떤 글이나 텍스트를 접할 때에도 사전 정보 지식이 있으면 독해 수준이 달라집니다. 그 사전 지식은 공간이나 시대에 대한 것일 수도 있고, 이야기에서 다룰 사건이나 특정 현상에 대한 것일 수도 있습니다. 또 작가에 대한 것일 수도 있지요.

그림책 《어뜨 이야기》(하루치, 현북스)로 수업할 때였습니다. 《어뜨 이야기》는 어뜨가 사는 섬에 죽은 고래가 밀려오는데, 그 고래뱃속을 가득 채운 알록달록한 물건(플라스틱)들 때문에 고래도 죽고, 어뜨의 친구 돼지도 죽고, 어뜨(어쓰, 지구를 가리킴)도 우는 내용을 담고 있습니다. 아이들은 고래가 왜 그렇게 플라스틱을 삼키냐고 물었지요.

그래서 《나의 작은 라루스 백과사전》 시리즈 중 <고래> 편을 같이 읽어 주었습니다. 그제야 아이들은 해양 오염과 플라스틱이

고래를 위기에 빠뜨리고, 고래의 위기가 지구의 위기라는 사실을 실감하며 그림책《어뜨 이야기》를 제대로 읽을 수 있었습니다.

간단한 그림책 시리즈물도 묶어 함께 읽으면 훨씬 재미도 있고 내용을 쉽게 이해할 수 있습니다. 다른 그림책을 보면서 배경지식이 생겼기 때문이지요. 학년이 달라지고 학습해야 할 내용의 범위가 날라지면 그에 따른 배경지식도 넓어져야 합니다. 동화나 소설의 시대적·공간적 배경에 대한 지식이나 작가에 대한 배경지식을 간단하게라도 제공하면 읽기 이해도나 몰입도는 확 달라집니다.

언어에 대한 배경지식은 어휘나 관용 표현, 호응 관계에 대한 지식을 말합니다. 기본적으로 어휘나 표현을 알아야 글을 이해하고 내용을 분석하는 독해력이 생깁니다. 모르는 어휘나 문장 표현이 많으면 몰입도가 떨어지면서 독해력이 떨어집니다. 독해가 안 되면 독해 이후의 정서적·인지적 반응을 기반으로 하는 사고 활동이나 비평 활동은 당연히 할 수 없습니다. 함께 읽으며 맥락에 따른 어휘나 표현들을 이해하며 읽기도 해야 하지만 일상적으로 어휘를 늘리고 표현력을 높이는 활동도 해야 합니다.

학교와 가정에서 할 수 있는 어휘 늘리기

요즘 아이들은 학습지를 풀거나 책을 읽으면서 아주 간단한 어휘도 뜻을 몰라 묻기 일쑤입니다. 글을 읽고 독해하지 못하는 아이들이 생각보다 매우 많습니다. 중학생의 문맹에 대한 실태를 분석한 책 《학교 속의 문맹자들》이 나와 충격을 주기도 했지요. 어휘는 문해력의 반이라고 할 정도로 비중이 큽니다. 기초적인 독해도 아는 어휘가 80%가 되지 않으면 읽어도 내용 파악도 안 될뿐더러 주제 파악도 안 됩니다. 가르쳐야 할 것들은 가르쳐야 혼자 배울 수 있습니다. 가르치는 것은 지식을 주입하는 것이 아닙니다.

땅에 콘크리트와 철근을 쏟는다고 집이 지어지는 것이 아닙니다. 아이 스스로 개념을 형성할 수 있도록 해 주고 정확하게 표현할 수 있도록 해 주어야 합니다. 이것이 가르침의 기본 방향입니다.

다음은 학교와 가정에서 할 수 있는 어휘 늘리기 활동입니다. 참고하여 아이와 날마다 꾸준히 하다 보면 우리 아이의 어휘력은 어느 순간 훌쩍 자라 있을 것입니다.

낱말 유목화하기

이 놀이는 낱말들이 갖는 공통점을 발견하여 유목화하는 활동입니다. 유목화는 같거나 비슷한 내용 영역으로 범주화하는 것을 말합니다.

사고력의 기초 작업이라 할 수 있는 유목화는 책을 읽을 때나 글을 쓸 때 배경을 짐작하게 하거나 유추하는 활동에 도움이 될 뿐 아니라 사고의 확산과 집약에도 도움이 됩니다.

아이들에게 글을 읽게 한 뒤 다양한 낱말 카드를 늘어놓고 공통점이 있는, 즉 유목화할 수 있는 카드를 뽑게 한 후 공통점을 말하게 합니다. 이 활동은 아이들의 어휘력 향상뿐만 아니라 사고력을 넓혀 주는 데도 큰 도움을 줍니다.

낱말 공통점 찾기로 배우는 어휘

그네, 미끄럼틀, 시소, 아이들	놀이터
갈매기, 항구, 등대, 배	바다
승용차, 기차, 고속버스, 전철	교통수단

낱말 불리기

낱말 불리기는 낱말 뜻을 보여 주고 낱말을 맞히는 놀이도 할 수 있고, 합성어와 파생어로 확장해 볼 수도 있습니다.

예를 들어, 그날 배운 핵심 낱말이 '손'이라면 손과 관련된 합성 낱말도 다양하게 만들어 봅니다.

'손을 잡다', '손이 가다', '손을 떼다'와 같은 관용 표현을 찾는 활동도 해 봅니다.

낱말 불리기로 배우는 어휘

오늘의 낱말	손이 들어간 낱말	손과 관련된 낱말이 들어간 표현
손	손목	손목을 잡다.
	손가락	손가락에 반지를 끼고 있다.
	손등	손등에 상처가 생겼다.
	손바닥	손바닥을 내밀었다.
	손수레	손수레에 흙을 퍼 담았다.

음절 놀이

음절을 마음대로 결합해 낱말을 만들고 다양한 낱말 놀이로 어휘력을 키우는 활동입니다. 음절 놀이로 낱말의 적용이나 범위를 확대해 나갈 수 있습니다. 먼저 음절판을 만듭니다. 음절판을 보고 한 음절(예 : 공, 길, 강, 물, 점) 낱말 놀이부터 시작합니다. 두 음절(예 : 이사, 시소), 세 음절(예 : 물놀이, 놀이터) 낱말 놀이로 이어 갑니다. 끝말잇기 놀이(예 : 강물 - 물놀이 - 이사 - 사과), 문장 만들기(예 : 나는 어제 놀이터에 갔습니다.)처럼 다양하게 해 볼 수 있습니다.

음절 놀이로 배우는 어휘

음절판				
가	강	공	길	구
기	물	놀	이	사
뭄	점	터	도	시
과	일	인	로	소

소리가 비슷한 낱말 놀이

낱말 불리기를 할 때 주로 명사 이름씨를 가르치는데, 서술어를 의식적으로 가르칠 필요가 있습니다. 서술어의 기본형을 변형시켜 가며 자연스러운 문장을 쓸 수 있도록 지도합니다. 소리가 비슷해 자주 틀리는 말, 비슷한말, 반대말, 감정을 나타내는 말들을 제시하여 문장을 쓸 수 있도록 합니다.

소리가 같은 풀이말로 배우는 어휘

ㄱ으로 시작되는 풀이말입니다. 제시된 문장처럼 풀이말을 넣어 문장을 만들어 보세요.	
갔다	약속 시간이 되어 약속한 장소로 갔다.
같다	나랑 동생이랑 발 크기가 같다.

발음이 같지만 뜻이 다른 낱말, 아이들이 많이 틀리는 낱말을 제시하고 그 낱말을 활용하여 글쓰기까지 합니다. '덮다', '덥다'나 '빗다', '빚다'도 받침에 따라 전혀 다른 뜻이 되므로 동작을 하면서 낱말 뜻을 정확히 익히게 하면 좋습니다.

1학년 아이들이 'ㅊ받침' 글자, 특히 닻과 돛을 배울 때 동작을 만들어 흥얼흥얼 익혔지요. 배를 멈출 때는 '닻', 배를 움직일 때는 '돛' 하며 신나게 배워 나갔습니다. 이렇게 익힌 어휘는 잊지 않겠다 싶었습니다.

감정 어휘 배우기

자신의 감정이나 상대방의 감정을 말로 표현하는 것은 매우 중요합니다. 자신의 감정을 정확하게 표현하는 시점이 자신의 욕구를 구체적으로 말하는 시작점이기 때문입니다. 아이들은 '짜증나고 화난다.'와 같은 표현을 넘어 구체적으로 감정 표현을 할 수 있어야 합니다.

감정 표현으로 배우는 어휘

감정을 나타내는 말입니다. 이런 감정이 든 경우를 써 보세요.	
억울해요	동생이 먼저 놀려 싸운 건데 엄마는 나만 혼내서 억울해요.
서운해요	친구 생일파티에 초대받지 못해서 서운해요.

틀린 글자 고치기

한글을 정확하게 습득하는 마무리 단계에서는 틀리기 쉬운 글자를 고쳐 써 보면서 정확성을 길러 주어야 합니다. 또 틀리기 쉬운 말들을 학년에 맞게 정리해서 꾸준히 익혀야 합니다.

예를 들어, '넘어, 너머'나 '세서, 새서'처럼 상황에 따라 구분해서 정교하게 쓸 수 있도록 안내해야 합니다.

다음 <예시>처럼 문장을 직접 써 보는 활동을 하면 좋습니다.

틀린 글자 바르게 고치며 배우는 어휘

틀린 글자를 고쳐 바르게 쓰세요.	
곰이 제주를 부려요.	
신발장에 신발이 업써요.	
집에 왔으니 어서 네리자.	
더이와 싸우다.	
자새를 바르게 해요.	

반대말, 비슷한말 배우기

흔히 아이들은 "선생님, 저는 키가 적어요.", "사람마다 생각이 다 틀려요."처럼 쓰곤 합니다. 어느 맥락에서 어떤 반대 의미의 말을 써야 할지, 또 비슷하지만 더 적절한 말을 어떻게 찾아 써야 할지 모르기 때문이지요.

아이들은 맥락에 맞게 반대말을 정확하게 알고 사용할 줄 알아야 하고, 또 비슷하지만 조금씩 다른 맥락에서 적절한 말을 찾아 쓰는 어휘 구사력을 키워야 합니다. 그러기 위해서는 반대말과 비슷한말을 배워야 합니다. 반대말과 비슷한말을 배우면 어휘가 풍부해질 뿐만 아니라 적절성까지 갖추게 됩니다.

동사, 형용사로 묘사력 키우기

낱말이나 어휘를 공부한다고 하면 흔히 명사인 이름씨가 생각납니다. 하지만 문장의 묘사력은 풀이말인 움직씨 동사나 그림씨 형용사로 완성되므로 동사와 형용사도 꼭 가르쳐야 합니다. 동사와 형용사가 무엇인지 말해 주고, 오늘 읽어 준 책이나 공부한 바탕글을 읽고 책에 나온 동사나 형용사를 써 보게 합니다.

아이들과 《훨훨 간다》 그림책을 읽어 주고 그림책에 나온 움직임이나 상태를 나타내는 낱말 찾기를 했는데, 1학년 아이들이 생각보다 잘 찾았습니다. 처음에 시작할 때는 해당 자음으로 시작하는 명사들을 자주 말하지만, 동사나 형용사의 뜻을 말해 주며 찾게 하니 곧잘 찾았습니다.

동사, 형용사 찾기로 배우는 어휘

《훨훨 간다》를 읽고 동작이나 상태를 나타내는 말을 찾아보세요.	
ㄱ	걷는다, 간다
ㄴ	넘어 들어온다, 놓다
ㄷ	도망갔어요
ㅁ	먹는다, 물었다
ㅂ	보았어요, 바꾸다
ㅅ	살았어요, 쉬다, 시작하다, 살피다

어휘 불리기 공책 활용하기

배움 공책을 활용하여 그날의 학습 활동에서 꼭 기억해야 할 어휘를 기록하거나 어휘 카드를 만듭니다. '오늘의 어휘'는 그날 꼭 쓰게 합니다.

예를 들어, '참다, 견디다'라는 어휘가 새로운 어휘로 나왔다면 '참다, 견디다'가 쓰일 수 있는 상황을 자주 찾아보게 하는 식입니다.

'참다'와 '견디다'로 배우는 오늘의 어휘

참다, 견디다	동생이 약올리는데 꾹 참았어.
	추운 겨울을 견딘 나뭇잎이 봄이 오자 싹을 틔운다.
	5교시가 되자 참을 수 없이 졸음이 쏟아졌다.
	일제 강점기가 시작되자 견딜 수 없는 고통이 시작되었다.

틀리기 쉬운 말 제대로 배우기

"선생님, '있다가 만나요', '이따가 만나요' 중에서 뭐가 맞아요?"

한 아이가 이렇게 물은 적이 있습니다. 장소랑 관계가 있으면 '있다가'가 맞고, 시간과 관계가 있으면 '이따가'가 맞다고 말해 주었지요. 아이는 도통 이해하지 못한 표정을 지어 다시 예를 들어 말해 주었습니다.

이처럼 틀리기 쉬운 말을 가르칠 때에는 학년에 맞게 지도하는 것이 좋습니다.

알쏭달쏭 틀리기 쉬운 말로 배우는 어휘

있다가, 이따가	돌봄 교실에 있다가 5시에 교문 앞에서 만나자.
	친구야, 이따가 학교 끝나고 놀이터에서 보자.
	집에 있다가 엄마가 전화하면 전철역으로 나와라.
	지금은 바쁘니까 이따가 이야기하자.

창의적인 표현 사용하여 문장 쓰기

책을 읽다가 '뱃가죽이 등에 붙을 것 같다.'는 표현이 나왔습니다. 요즘 아이들은 이 정도로 배고픔을 느껴 본 적이 거의 없어서인지 이해하지 못했지요. 경험을 하지 못해 이해하지 못하기도 했지만 아이들은 이런 우회적인 표현이나 비유적인 표현에 매우 약합니다.

그래서 5, 6학년 아이들과 아침 자습 활동으로 '어떤 상태를 다르게 표현하기'를 해 보았습니다. '기쁘다'를 아이들은 '구름 위를 걷는 듯하다.', '내 심장에서 팝콘이 팡팡 터지는 것 같다.'처럼 표현했습니다. 또 '괴롭다, 억울하다, 슬프다, 맛있다' 등을 다르게 표현해 보는 시간을 가졌지요.

아이들은 이와 관련된 관용 표현도 찾아보고 창의적 표현들을 찾기 시작했습니다. 이 활동을 꾸준히 하다 보면 문학 작품 속의 문학적 표현들을 이해하는 독해력도 생깁니다.

지희 쌤 문해력 톡톡

Q 국어가 모국어인데 문해력도 가르쳐야 할까요?

A 문해력은 제때 제대로 가르치지 않으면 절대 늘지 않습니다.

아이들의 문해력은 저절로 길러지지 않습니다. 문해력 발달은 연령대별로 다르기 때문에 성장 발달 단계에 맞게 차근차근 가르쳐야 합니다.

문해력 저하의 문제는 초등 저학년 한글 습득과 한글 교육 이전의 뿌리 문해력에서 시작됩니다. 정확한 한글 습득 없이 문해력 교육은 시작조차 할 수 없기 때문이지요. 한글 교육은 이후 모든 학습과 문자로 이루어진 삶에 큰 영향을 미칩니다.

이것만은 꼭!

문해력 발달 과정

뿌리 문해력(태아기~학령기 전)
태아 때부터 부모가 이야기를 들려주거나 책을 읽어 주면 아이는 정서적으로 안정되어 문해력 뿌리를 잘 내립니다.

초기 문해력(초등 저학년)
본격적인 문자 학습이 이루어지는 시기입니다. 정확한 한글 습득과 안정된 학습 정서를 위해 날마다 책을 읽어 주어야 합니다.

기본 문해력(초등 중학년)
낱말과 문장, 글을 유창하게 읽을 수 있어야 하며 사실적 이해와 독해력이 자라나는 시기입니다. 형식에 따른 글 읽기, 어휘 늘리기를 꼭 해야 합니다.

기능 문해력(초등 고학년)
추론하기, 비판적 읽기가 가능하도록 말하고 쓰는 방식을 익혀야 하는 시기입니다. 어휘의 정교성과 효과적이고 적절한 표현, 관용 표현, 비판적 독해가 가능하도록 훈련해야 합니다.

문해력, 가정에서 어떻게 키울까?

문해력, 시기별 적절한 지원으로 자란다

부모라면 누구나 내 아이가 잘 성장하길 바라는 마음으로 지원을 아끼지 않을 것입니다. 하지만 부모 뜻대로 되지 않는 것도 자식에 관한 일입니다. 부모는 아이의 운동 능력을 위해, 원만한 대인관계를 위해, 또 환경에 잘 적응하며 당당히 살아가길 바라는 마음으로 열심히 지원합니다. 하지만 지원한다고 했는데도 나중에 보면 '내가 뭘 했지?' 하는 마음이 들 때가 있습니다. 그러다 아이가 크면 '아, 내가 때를 놓쳤구나.' 하며 후회하기도 하지요.

아이를 키워 내는 일만큼 적절한 때가 있는 일도 드뭅니다. 아이가 어릴 때 '내가 아이를 외롭게 했구나.' 하는 마음이 들어 독립을 시작한 아이에게 거리감 없이 마구 다가간다면 아이와는 더 멀어지고 맙니다. 아이와 관계를 맺는 방식도 때에 따라 달라야 합니다. 아이가 성장하면서 어떤 시기에 집중해서 형성되는 정서나 능력이 다르기 때문입니다.

> 문해력 발달도 시기별로 다릅니다. 각 시기에 맞게 적절하게 지원하면 아이들은 작은 도움을 받고도 큰 도약을 이루어 냅니다.

이때 중요한 것은 가정에서 어떻게 지원하나입니다. 그 방법이 의외로 간단할 수도 있습니다. 가정에서는 먼저 문해력 발달 과정을 이해해야 합니다. 부모가 방향을 안내하고 그 길에 같이 서 있다면 아이들은 자유로우면서도 안전하게 제 길을 찾아 나설 것입니다.

엄마 뱃속에 있을 때부터 학교에 들어오기 전까지는 오직 듣는 문해력 시기입니다. 직접 책을 보지는 못할지라도 계속 이야기를 들려주고, 책을 읽어 주면 아이들은 부모의 말소리와 다양한 이야기 세계에 안정감을 느끼며 상상력이 자라게 됩니다.

초등학생이 되고 한글을 배우기 시작할 때는 시각 인지도 함께 자라기 때문에 그냥 이야기를 들려주기보다는 아이들에게 책을 보면서 듣게 하는 경험을 해 주어야 합니다. 이때는 글자와 어휘도 익혀야 하는 시기이므로 함께 책을 보면서 아이들은 눈으로 글자를 보고 읽어 주는 사람은 맥락에 맞게 어휘도 풀이해 주며 읽어 줍니다. 이 시기에 함께 보는 책은 대부분 그림책일 텐데, 같은 책을 반복해서 읽어 주면 좋습니다. 반복해서 읽어 주면 아이들은 스스로 읽을 수 있겠다는 자신감과 읽고 충분히 이해했다는 성취감을 느낍니다.

아이가 3, 4학년이 되면 책의 글밥이 많아지므로 글의 양에 따라 2, 3일에 한 권 또는 일주일에 한 권 정도를 함께 읽는다고 생각하고 하루에 20분 정도씩 함께 읽기와 읽어 주기를 병행하면 좋습니다. 물론 아이가 혼자 읽을 수 있어도 함께 읽기를 권합니다. 이 시기에는 새로운 분야의 새로운 어휘를 많이 접하기 때문에 더더욱 함께 읽기가 필요합니다. 하루 20분씩, 일주일에 한 권씩만 함께 읽어도 일 년에 40~50권의 책을 함께 읽는 셈입니다. 이때 책은 문학뿐 아니라 역사, 사회, 과학 또 아이들이 좋아하는 분야의 책으로 넓혀 가면서 읽으면 좋습니다.

5, 6학년인 고학년 시기에는 배경지식이 없으면 이해하기 어려운 책들을 많이 만나게 됩니다. 어릴 때 읽은 세계문학 전집이나 한국문학 전집을 어른이 되어 읽으면 내가 읽었던 책 맞나 싶을 정도로 새롭게 다가오는 경험이 있을 것입니다. 글을 글로만 읽다가 어른이 되면 그 소설이나 작품의 시대적 배경, 작가의 철학에

대한 배경지식이 생겨서 글 속에서 일어난 작은 사건이나 정서가 제대로 이해되기 때문에 전혀 다른 작품으로 읽히는 것입니다.

새로운 어휘와 표현도 많이 나오기 때문에 배경지식이 없으면 이해하거나 공감하는 것이 쉽지 않지요.

따라서 5, 6학년 고학년 시기에도 책을 함께 읽으면 좋습니다. 읽어 주지는 못하더라도 함께 읽을 책을 정해 하루에 20분 정도씩 매일 함께 읽는다면 2, 3주에 한 권 정도는 읽을 수 있습니다.

읽기 전에 부모가 먼저 읽으면 더할 나위 없이 좋지만 그렇게까지 하지 않더라도 부모가 함께 읽으면서 "이 이야기는 이런 시대적 배경이 있구나." 하면서 함께 찾아보며 이야기해도 충분합니다. 아이들은 책을 읽으면서 충분히 이해하고 공감한다고 느끼면 스스로 책을 찾아 읽습니다.

이렇듯 읽어 주더라도 시기에 맞는 적절한 지원 방식은 아이에게 큰 도움닫기가 되고, 이후 독립적 독자로 자라는 데 필요한 기반이 됩니다.

초기 문해력, 소리 내어 읽어 주기로 키워라

2022년 도봉초등학교는 가정에서 책 읽어 주기 프로젝트를 진행했습니다. 1학년 대상으로 15주 동안 매일 읽어 주기를 하고 어떤 변화가 있는지 관찰하기로 했지요. 학교에서는 담임 선생님이 일주일마다 아이들에게 책을 바꿔 주고 가정에서는 아이가 받아 온 책을 일주일 동안 소리 내어 읽어 주는 프로젝트였습니다.

이 프로젝트를 시작하기 전 초기 문해력 테스트를 먼저 하고 15주 후의 변화를 관찰했습니다. 그 결과는 놀라웠습니다. 자음과 모음 낱자를 절반 정도밖에 모르던 아이는 모두 읽었고, 30여 개의 낱말을 30초 동안 10여 개 읽던 아이는 아주 쉽게 30여 개 낱말을 모두 읽어 냈습니다. 간단한 낱말도 받아쓰지 못했던 아이는 어려운 글자까지도 듣고 모두 척척 써 냈지요.

이 같은 놀라운 결과가 2학년까지 이 프로젝트를 확대하게 했고, 덕분에 1, 2학년은 일 년 동안 가정에서 한 아이만을 위한 소리 내어 읽어 주기를 실시했습니다. 다음 해 2학년 아이들이 3학년으로 진급할 때 받은 기초 학력 진단 검사에서 느린 학생으로 분류된 아이는 국어과에서 1명, 수학과에서 2명밖에 나오지 않았습니다. 그 전에 비해 매우 큰 폭으로 감소했던 것이지요. 검사를 진행한 교사들은 매우 놀랐습니다.

또한 많은 학부모가 읽어 주기를 하다 보니 우리 아이 문해력 수준이 바로 파악되고 향상되는 게 실감 난다고 했습니다. 책 읽어 주기로 아이와 부모와의 관계가 좋아졌고 전혀 예상하지 않았는데 가정의 분위기도 바뀌었다고 했지요.

엄마랑 아빠랑 요일별 당번을 정해서 읽어 주기를 하는데 당번일 때 열심히 읽어 주는 아빠를 보면서 신뢰가 생겼다고도 하고, 그저 밥 먹이고 숙제 챙기고 재우는 것이 일상이었는데 책 읽어 주는 시간에는 함께 책을 읽고 퀴즈도 내고 풀면서 가족이 화목해졌다고도 하더군요.

최근 근무하는 상원초등학교 1학년 전체가 진행한 가정에서 '날마다 책 읽어 주기' 프로젝트의 반응과 결과는 더욱 놀라웠습니다. 모두가 한결같이 문해력도 문해력이지만 아이와 책 대화로 하루를 마무리하면서 뿌듯했다고 했지요.

아이들은 바쁜 엄마 아빠가 자신을 위해 온전히 시간을 내 책 읽어 주는 그 시간이 너무 행복했다고 합니다.

그렇습니다. 책 읽어 주기는 문해력뿐만 아니라 가정의 문화를 바꾸었습니다.

문해력은 학습의 기초 토대이기도 하면서 자신을 표현하는 수단이자 세상을 제대로 읽는 중요한 통로입니다. 그런데 문해력의 빈익빈 부익부 현상이 심해지면서 전 세계적으로 읽어 주기 열풍이 불고 있습니다. 독일은 아이들이 태어나면서부터 책 읽어 주기 운동을 펼치고 있고, 미국은 아기가 태어나면 소아과에서 그림책을 선물하고 영국은 황실까지 나서서 읽어 주기 운동에 동참하고 있습니다. 왜 그럴까요? 아이들의 문해력 차이는 아이가 경험하는 문해 환경과 그 문해 환경의 양과 질이 좌우하기 때문입니다.

가정은 아이들의 문해 환경에서 가장 큰 영향을 미칩니다. 학교는 모든 아이가 수업에서 소외되지 않도록 교육 과정을 정비하고 수업 방법을 개선해야 합니다. 뿐만 아니라 문해력에 가장 영향을 끼치는 가정과 함께 할 수 있는 문해력 강화 방안을 개발해야 합니다. 기본적인 문해 환경은 가정의 몫이 클 뿐만 아니라 초기 문해력은 초등학교 입학 전에 상당 부분 형성되기 때문입니다.

> 가정에서는 아이들이 어릴 때부터 행복한 문해 환경을 만드는 데 노력을 기울여야 합니다.

행복한 문해 환경에서 아이들은 정서적 교감도 나누고 공감하는 법을 배울 수 있습니다.

뿌리 문해력, 태아에게 들려주기부터 시작된다

뿌리 문해력은 만 7세 이전까지 초기 아동기에 이루어지는 문해력입니다. 태어난 순간부터 각자의 문해 환경에서 다양하게 발달해 가는 뿌리 문해력의 영향으로 학교에 들어갈 무렵이면 이미 초기 문해력부터 격차를 보입니다. 초기 문해력보다 더 일찍 발달하는 것이 뿌리 문해력이지요. 책 읽어 주기는 뿌리 문해력 발달에도 큰 영향을 미칩니다.

문해력의 발달은 음성 언어 발달과 긴밀하게 연결되어 있습니다. 아직 글자를 모를 때부터, 다시 말해 태아 때부터 그림책을 읽어 주거나 이야기를 들려주면 아이는 언어의 아름다움에 일찍 맛을 들이게 되지요. 또 들려주는 언어가 아름답고 정제되고 상상력을 자극하는 그림책 속의 음성 언어인 경우는 이른 시기부터 눈에 잘 띄지 않는 문해력의 뿌리와 싹을 틔우는 것과 같습니다.

저는 딸아이를 키울 때 아주 어릴 때부터 뭔가 계속 말을 들려주었습니다. 이웃 할머니들도 우리 모녀를 보면서 이런 말을 자주 하곤 했지요.

"아기가 알아들을 수도 없는데, 엄마는 끊임없이 말을 하네."

"배고팠구나, 쉬아~ 했구나, 비가 오네, 나뭇잎들이 좋아하네……."와 같은 말들을 아이에게 건넸습니다. 아이의 표정을 보면서 말을 걸고, 내 감정, 내 눈에 띄는 것들은 무엇이든 조근조근 아이에게 말을 했지요. 사실 들려주기가 좋다고 해서 아기에게 말을 걸었다기보다는 독박육아를 했던 나에게 유일한 대화 상대는 아이였기 때문이었습니다. 아이는 표정으로 대화할 수밖에 없었지만, 나는 끊임없이 아이에게 말을 걸고 또 걸었습니다. 그 덕분인지 아이는 첫돌이 되기 전에 말문이 틔었고, 주변 사람들이 깜짝 놀랄 만한 말도 잘했고, 말이 급속하게 늘었습니다.

일하는 엄마를 둔 아이는 아주 어릴 때부터 어린이집에 다닐 수밖에 없었는데, 어느 날 아이를 안고 어린이집에 등원하는데 보슬비가 내렸습니다. 아이를 안고 우산을 들고 가는데 아이는 내 품에서 쫑알쫑알 이야기를 했습니다.

"비가 오네. 엄마, 나뭇잎이 좋아하겠다, 달팽이도 좋아하겠다."

내가 아이에게 자주 들려주던 말이었습니다. 아이는 들은 말을 하고 있었던 것이지요. 수만 번 들어야 말로 소리를 낼 수 있습니다. 글자도 그렇습니다. 수없이 들려주고 '그 소리가 저 글자가 되는구나.' 했을 때 글자를 읽을 수 있게 됩니다.

초기 문해력을 탄탄하게 하기 위해서는 초기 문해력의 바탕이 되는 뿌리 문해력을 강화해야 합니다.

만 7세 이전의 아이들은 누군가 들려주는 말을 듣고, 아이들은 그림이나 글자를 보면서 소리와 문자를 연결하는 기회를 갖게 됩니다. 따라서 어릴 때는 책을 읽어 주거나 이야기를 들려주면서 아이들이 소리와 문자를 연결시킬 수 있도록 하면 좋습니다.

읽어 주기, 그림책부터 시작하라

들려주기도 좋지만, 책을 읽어 주는 것은 또 다른 의미와 가치가 있습니다. 사람들의 어휘 능력은 일상생활에서 사용하는 생활 어휘 측면에서 보면 크게 차이가 나지 않습니다. 하지만 책을 통한 어휘 습득에서 어휘 능력의 차이를 보입니다. 작가들은 매우 정제된 어휘나 전문적인 어휘를 쓰기 때문에 책에서 얻는 어휘 습득에 따라 어휘 능력의 차이를 보이는 것입니다. 특히 학년이 올라갈수록 경험하고 배우는 영역이 넓어지는 사회나 과학 교과 언어는 책이 아니면 사실 얻기 힘든 것이 많습니다. 그래서 아이들은 주로

그림책은 읽어 주는 책

일본의 그림책 연구자 마쓰이 다다시는《어린이와 그림책》에서 아이에게 이야기를 들려주거나 책 읽어 주기에 대해 이렇게 말했습니다.

"자녀에게 한 권씩 읽어 주다가 어느새인가 자신이 그림책의 재미와 즐거움에 푹 빠져 버렸다는 엄마 아빠를 종종 만나게 됩니다. 이럴 때 내가 가장 강하게 느끼는 것은 그들 자녀의 행복입니다. '이런 엄마 아빠를 둔 어린이는 아주 즐거운 유아기의 그림책 체험, 즉 인생 경험을 하겠구나!'라고 말입니다. 그림책을 어린이에게 읽어 주는 행위는 어른과 아이가 정신적으로 손을 잡고 떠나는 신비한 여행입니다."

마쓰이 다다시는 그림책은 인간관계 속에서 의미가 살아난다고 했습니다. 아직 유창한 읽기가 미숙한 아이들은 글밥이 적은 그림책도 글자 읽기에 급급하게 마련입니다. 그러다 보면 그림책의 그 풍부한 이야기를 읽어내지 못할뿐더러 책의 즐거움도 느끼지 못합니다. 그림책은 읽어 주는 책, 아이 입장에서는 듣는 책임을 알아도 사실 실천하기는 쉽지 않습니다.

그림책 읽어 주기를 실천했을 때 글자를 강조하지 않았는데도 아이들은 어느새 글자를 많이 깨칠 뿐만 아니라 놀라운 행복감과 풍요로움을 느낍니다. 엄마 아빠와 몸을 딱 붙이고 아이는 부모의 목소리로 들려오는 언어를 체험합니다. 또 그림책의 그림을 보면서 숨은그림도 찾아내고 함께 공감하지요.

이런 체험은 그 어떤 체험보다 강렬하고 소중한 체험입니다. 듣는 책 경험을 가진 아이는 읽는 어린이가 되지요.

책을 읽으며 어휘를 습득해 나가는데, 책 속 어휘는 눈으로 읽거나 귀로 들으며 습득합니다.

아이들은 귀로 들었을 때 어휘를 쉽게 습득합니다. 그것도 아주 가까이서 읽어 주면 모르는 낱말이 나왔을 때 "이게 무슨 뜻이야?"라고 바로 질문하고 깨칠 수 있으므로 어휘력은 4~5배 정도 증가합니다.

아는 어휘가 늘어나면 스스로 혼자 책을 찾아 읽는 어린이가 됩니다. 사람들은 아는 어휘가 80% 이상일 때 책의 내용을 이해하며 자연스럽게 책에 몰입해 들어간다고 합니다. 몰입이 안 되면 재미나 카타르시스, 자기 성찰 같은 책 읽기의 의미를 얻을 수 없습니다.

따라서 어릴 때부터 책 속 언어의 다양함을 체험해 주는 것이 필요한데 그림책부터 시작하면 좋습니다. 아이들의 개별 수준을 고려하여 아이 수준에 맞는 언어 자료를 제공하는 것이 필요합니다.

> 1, 2학년 초기 문해력 시기 아이들에게 가정에서 읽어 줄 때는 흥미도 있지만 스스로도 충분히 반복하여 소리 내어 읽기에 좋은 책들을 선정해야 합니다.

이 시기 아이들에게 소리 내어 읽어 주면 읽기 능력이 향상됩니다. 뿐만 아니라 문자 세계가 얼마나 흥미로운지를 보여 주는 목적도 있기 때문에 글을 습득하는 초기에 걸맞는 자료를 선정하는 것이 매우 중요합니다.

그림책을 읽어 주다 보면 아이가 자꾸 같은 책을 읽어 달라고 할 때가 있습니다. 그럴 때는 반복해서 읽어 주고 또 읽어 주면 됩니다. 한 번 읽어 줄 때 보이지 않던 그림이 보이고 들리지 않던 어휘와 표현이 들려오고, 이미 내용은 아는 책이므로 아이들은 쉽게 몰입합니다.

이렇게 읽어 주기를 하다 보면 아이들은 스스로 책을 읽는 아이로 자랍니다. 읽기가 아주 능숙해야만 아이들은 책을 찾아 읽습니다. 읽기 능력이 미숙한 아이는 글자를 읽어 내는 데 뇌의 에너지 대부분을 쓰므로 책을 읽거나 텍스트를 읽을 때 자기 효능감이 떨어집니다. 책을 읽어도 무슨 말인지 모르는 아이들이 책을 스스로 찾아 읽을 리가 없으며 결국 책 읽기로부터 도망가고 맙니다. 아이들이 책으로부터 도망가기 전에 책 속 세상의 다채로움을 느끼게 해 주는 것이 읽어 주기입니다.

읽어 주기, 언제까지 해야 할까?

어느 날 길을 가다가 딸아이가 "엄마, 저건 하림이의 하야."라고 하더군요. 어릴 때부터 어린이집에 갔기 때문에 자신의 물건에 이름이 쓰여 있어서, 자기 이름 속에 들어 있는 글자를 알아본 것입니다. 그러더니 어느 날은 신발장에 쓰여 있는 친구들 이름을 줄

줄이 읽었습니다. '내가 천재를 낳았구나.' 했지요. 그래서 읽어 주기도 일찍 뗄 수 있을 것 같았는데, 딸아이는 뭐든지 함께 하고 싶어 했습니다. 어차피 그럴 거면 읽어 주자 싶어서 꽤 클 때까지 다양한 책을 읽어 주었습니다. 과학 분야 책에 나오는 재미있는 실험은 직접 해 보기도 하면서 놀았지요. 나중에 문해력 관련 공부를 하면서 늦게까지 읽어 준 게 얼마나 다행한 일인가를 깨닫게 되었습니다.

우리나라 한글 교육이나 문해력 교육이 제대로 안 되는 이유 중의 하나가 한글을 읽을 수 있으면 읽어 주기나 문해력 교육을 끝낸다는 데 있습니다.

소리 내어 읽어 주기를 권했을 때 가장 많이 하는 질문은 "언제까지 읽어 줘야 하나요?"입니다. 눈으로 읽어서 이해하는 능력과 귀로 듣고 이해하는 능력이 비슷해지는 시기는 중학교 2학년이라고 합니다. 중학교 2학년까지 읽어 주면 좋지만 현실적으로는 힘들지요. 그래도 최소한 초등 3, 4학년, 중학년까지는 읽어 주는 것을 권장합니다. 그리고 5, 6학년 시기에는 함께 읽으면 좋습니다.

따라서 소리 내어 읽어 주기는 초등 1, 2학년에서만 하는 것으로 그쳐서는 안 되고 학년이 올라가면 아이들의 수준에 맞는 책으로 이어 나가야 합니다. 1, 2학년 때는 곧잘 책을 잘 읽던 아이도 스스로 도서관에서 책을 골라 보라고 하면 대개 학습 만화를 고릅니다. 학습 만화가 재미있기도 하지만 글로만 이루어진 책을 혼자 스스로 읽기 어렵기 때문입니다.

어떤 책이든 읽으면 되지 싶겠지만 학년이 올라갈수록 새롭게 확장되는 어휘를 습득하고, 복잡해진 문장을 읽을 수 있는 능력도 갖춰야 합니다.

저학년의 책에는 '누가 무엇을 했다.' 정도의 홑문장이 많이 나오지만, 중학년 책에는 겹문장뿐만 아니라 안은 문장들도 나옵니다. 고학년은 어떤가요? 어휘도 어렵지만 비유적인 표현이나 관용 표현이 많이 나옵니다. 또 다루는 문장이 사실인지 아니면 글쓴이의 생각인지 헷갈리기 쉬운 문장이 즐비하게 나옵니다.

아이들은 책 읽기를 점점 더 어려워하고 책을 피하고 학습 만화를 주로 찾게 됩니다. 학습 만화는 어려운 말을 생활말로 풀어놓아 쉽게 읽을 수 있기 때문이지요. 학습 만화를 주로 찾는 아이들의 언어 능력은 자라지 않고 정체되어 또래에 비해 읽기 능력이 부족해지면서 위축되게 됩니다.

한 권을 모두 읽어 주기가 어려울 때는 책의 초반 부분이라도 읽어 주면 좋습니다. 읽기 어렵다는 책도 부모와 함께 초반부를 읽거나 읽어 주면 아이들은 진입 장벽을 훌쩍 넘어 부모가 읽어 주기 전에 다 읽어 버리기도 합니다.

5학년 교과서에 나오는《갈매기에게 나는 법을 가르쳐 준 고양이》(루이스 세뿔베다, 바다출판사)를 읽어 주었습니다. 읽기 시작했을 때 몇몇 아이는 이미 자기 집에 그 책이 있는데 읽다가 포기했다고 했습니다. 부모님이 교과서에 나온 책이라고 사서 주셨는데 도저히 읽을 수가 없다고 했지요. 그 아이는 우리 반에서 독서 수준이 제일 높은 아이였습니다.

《갈매기에게 나는 법을 가르쳐 준 고양이》는 아이들이 평소 접하기 어려운 중남미 작가 책입니다. 이 책은 시커멓게 오염된 바닷물 때문에 죽음을 맞게 된 갈매기 켕가가 우연히 만나게 된 고양이 소르바스에게 알을 맡기고, 새끼가 태어나면 나는 법을 가르쳐 달라는 부탁을 하고 죽는 이야기입니다.

함부르크, 켕가, 바다의 검은 기름띠, 소르바스 같은 낯선 지역명과 낯선 이름, 그리고 새의 알과 고양이 관계에 대해 잘 이해하지 않으면 이 책을 흥미롭게 읽어 나가기가 어렵습니다. 하지만 교사가 읽어 주기 시작하자 아이들은 흥미를 보였습니다. 20여 쪽도 읽어 주기 전에 집에 가서 읽고 오겠다고 하더니 이틀 정도 지나니 다 읽었다는 아이들이 부쩍 늘었습니다.

아이들은 혼자 읽을 때 몰랐던 것을 비로소 이해할 수 있었다며 읽어 주는 것에 흠뻑 빠져들었습니다. 교사가 읽어 주는 책인데도 스스로 읽고 오는 아이들이 점점 늘었지요. 미리 읽은 아이들은 교사가 읽어 주는 시간에 더 집중했습니다. 혼자 읽을 때 이해가 안 되는 것들이 새삼 이해되고 '그게 이런 내용이었구나.' 하면서 더 흥미를 갖게 된 것입니다.

읽어 주기는 때가 없습니다. 읽어 주는 책과 읽어 주면서 나눌 대화 내용이 변할 뿐이지요.

읽어 주기, 한 아이만을 위한 종합 선물 세트

초기 문해력은 0세부터 만 7세까지의 시기에 집중적으로 형성됩니다. 이 시기에 아이들은 문자에 대한 호기심도 생기고 문자 세상에 대한 긍정적인 마음도 갖게 되는데, 그러면서 초기 문해력이 만들어집니다.

이 시기 가장 좋은 문해 환경은 읽어 주기와 체계적이고 다양한 한글 교육입니다. 체계적으로 한글을 가르치는 것은 학교의 몫이지만 초기 문해력을 형성하는 데 가정의 역할은 매우 큽니다. 가정에서 책을 읽어 주는 것은 문해 환경을 만드는 데 가장 중요하고 효과적인 방법입니다.

> 가정에서 책 읽어 주기는 아이들의 정서 안정에도 아주 좋습니다. 읽어 주는 사람과의 강력한 연대감이 정서적 안정감을 주기 때문입니다.

이 시기 아이들은 개별적인 존재감을 느껴야 안정감을 느낍니다. 이 시기 아이들이 가장 많이 하는 말이 '나 좀 봐'입니다. 숟가락 하나 겨우 들고도 "나 좀 봐 봐!" 계단 한 칸 오르고도 "나 좀 봐 봐!" 아이들은 끊임없이 자기 존재를 확인합니다.

그래서 누군가 "옳지, 옳지." "맞아, 맞아." 하며 반응하거나 격려했을 때 안정감을 느낍니다. 그런데 요즘 아이들은 일찍 집단생활을 시작합니다. 이런 아이들에게 부족한 개별적 존재감을 채워 줄 방법이 책 읽어 주기입니다.

오롯이 내 아이 한 명을 위해 책을 읽어 주는 것보다 더 좋은 방법은 없습니다. 많이 들려주고 글자를 보게 함으로써 듣는 언어와 쓰는 언어가 어떻게 달라지는지 비교하도록 해 주어야 합니다. 그래서 보호자가 읽어 줄 때 아이들도 글자를 볼 수 있는 환경이면 좋습니다.

학교에서는 보통 하나의 작은 책으로 여러 명이 함께 보기 때문에 아이들이 글자를 보면서 이야기를 들을 수 있는 환경이 만들어지지 않습니다. 가정에서 일대일로 아이들도 책을 보면서 보호자가 소리 내어 읽어 주면 아이들은 귀로 들으면서 그 소리에 해당하는 글자를 보기 때문에 글자와 소리의 매칭이 수월합니다.

누군가 나 한 사람을 위해 시간을 내어 책을 읽어 주는 것 자체가 존재감을 느끼게 합니다. 유치원이나 학교에서는 어찌 됐든 평균 속도를 따라가야 하고 책을 읽다가도 자신이 마음에 드는 장면에 머물고 싶어도 머물지 못합니다. 그런데 아이 한 명을 위해 책을 읽을 때는 아이가 수만 가지 질문을 해도 상관없고 그림 하나에 꽂혀 그 그림만 가지고 놀 수도 있습니다.

나만을 위해 책을 읽어 줄 때 아이는 세상이 자신의
속도와 흥미에 맞춰 돌아가는 듯한 충만감을 느낍니다.

또 그 충만감을 느끼게 해 주는 사람에게 강력한 유대감을 느끼지요. 아이는 개별적 존재감을 충분히 채울 수 있어 단단한 인간, 독립적인 인간으로 잘 성장합니다.

특히 요즘에는 아픈 아이가 많습니다. 30여 년 교직 생활을 하는 동안 경제적으로도 예전에 비해 많이 나아졌는데 아픈 아이가 왜 그렇게 많아지는가에 대해 생각해 봤습니다. 사회가 점점 의뢰 사회가 되어 가기 때문 아닐까요? 가정의 역할도 의뢰, 부모의 역할도 의뢰, 학원에 의뢰, 전문가에게 의뢰……. 그러다 보니 예전에 비해 아이들이 부모들과 일대일로 눈을 맞추고 대화하는 시간이 절대적으로 줄었습니다.

그뿐 아니라 가정에서 함께하는 짧은 시간에도 아이들은 휴대폰에 눈을 돌리고 어른들은 어른대로 바빠 서로 눈 맞추고 대화를 한다거나 서로의 생활이나 마음에 대한 교류가 없는 것이 현실입니다. 그러다 도저히 문제를 해결할 수 없는 상황이 오면 병원을 찾거나 전문가에게 의뢰합니다.

현대 사회에서 어쩔 수 없이 많은 부분을 의뢰하더라도 아이에게 절대적으로 부족한 일대일 관계에 대해 벌충할 필요가 있습니다. 그것이 함께 책 읽기입니다. 함께 책을 읽거나 읽어 주면 이런 점이 좋습니다.

첫째, 학습이나 문자에 대한 호감을 느끼게 해 줍니다.

특히 문자 세계에 대한 두려움도 없애 주지요. 함께 읽다 보면 자연스럽게 어휘력이 향상되고 문맥을 파악할 수 있게 되면서 아이들의 학습에 대한 정서가 긍정적이 됩니다.

둘째, 혼자 읽는 어린이로 자라게 합니다.

학년이 올라가면서 아이들이 책을 멀리하는 까닭은 책이 이해되지 않기 때문입니다. 그런데 엄마 아빠와 함께 읽거나 읽어 주면 아이들은 편안하게 책에 몰입하게 되면서 스스로 책을 찾아 읽는 독립적인 독자로 성장합니다.

셋째, 자신들의 이야기를 하게 됩니다.

읽어 주는 사람과 일대일 눈맞춤을 하면서 책에 대해 이야기를 하다가 어느새 자연스럽게 자신들의 이야기들을 터놓게 됩니다. 아이들은 충분히 자신의 마음이나 현재 상태를 드러내고 부모들은 아이의 마음을 경청하고 공감하면서 아이들의 고민과 문제의 해결책을 함께 찾아가며 사회성 훈련까지 할 수 있습니다.

넷째, 건강한 가정 문화를 만들 수 있습니다.

일정한 시간에 책을 함께 읽고 책 내용을 이야기하면서 아이와 부모는 자연스럽게 서로의 속마음을 이야기하게 되고, 건강한 가정 문화를 만들 수 있습니다. 문해력 키우기로 시작한 책 읽어 주기는 아이는 물론 어른까지 건강하게 만듭니다.

Q 워킹맘도 아이의 문해력 발달에 도움을 줄 수 있을까요?

A 엄마 아빠가 당번을 정해 소리 내어 책을 읽어 주세요.

가정은 아이들의 문해 환경에서 가장 큰 영향을 미칩니다. 가정의 문해력 발달 지원 방법은 간단합니다. 아이와 함께 책을 읽고, 소리 내어 읽어 주는 것이지요.

아이를 위해 온전히 시간을 내어 읽어 주세요. 아이의 기다림에 대한 보상이 됩니다. 정서적 보상을 받은 아이는 안정감을 느끼며 세상이 자신의 속도에 맞게 돌아가는 듯한 충만감을 느낍니다. 책을 읽어 주면 아이는 하루 종일 떨어져 있는 엄마와 연결되어 있음을 느끼며 개별적 존재감을 충분히 채울 수 있어 단단하고 독립적인 인간으로 잘 성장합니다.

이것만은 꼭!

책 읽어 주기, 언제까지 해야 할까?

엄마 뱃속에 있을 때부터 읽어 줍니다. 만 7세 이전에 들은 다양한 이야기와 소리는 이후 문자와 연결되면서 문해력의 바탕이 됩니다. 초등 3, 4학년까지는 읽어 주고, 5, 6학년 때는 함께 읽어야 합니다.

- 저학년 아이들은 같은 책을 반복해서 읽어 줍니다.
- 중학년 아이들은 함께 읽기와 읽어 주기를 같이 합니다.
- 고학년 함께 읽을 책을 정해 매일 같이 읽습니다.

문해력, 학교에서 어떻게 키울까?

문해력, 학습 정서·인지 능력·사고력을 키운다

학교는 교육 과정으로 움직입니다. 그 교육 과정은 아이들의 성장 발달에 맞게 기획되어야 하지요. 교육 과정이란 가르쳐야 할 것, 가르치고 싶은 것, 배우고 싶은 것들을 배울 수 있는 방식으로 종과 횡을 촘촘하게 짜는 것을 말합니다. 특히 배워야 하는 것 중에서 그 시기를 놓치면 이후 배움 과정에 큰 영향을 줄 수 있습니다.

가르쳐야 할 것들은 가르쳐야 혼자 배울 수 있습니다. 그래서 배움이 잘 일어나도록 가르칠 것을 잘 정비해야 합니다. 아이들이 배울 수 있는 방식으로 구성하는 것이 교육 과정이고, 이것을 기획하는 것이 전문가로서의 교사의 역할입니다.

교육 과정을 재구성하고 배워야 할 것을 제때 가르치려면 아이들의 학습 능력 발달 과정과 문해력을 비롯한 언어 능력 발달 과정을 알아야 합니다.

초등학생의 일반적인 학습 능력은 다음과 같이 학습 정서, 인지 능력, 사고력이 피라미드 구조로 발달됩니다.

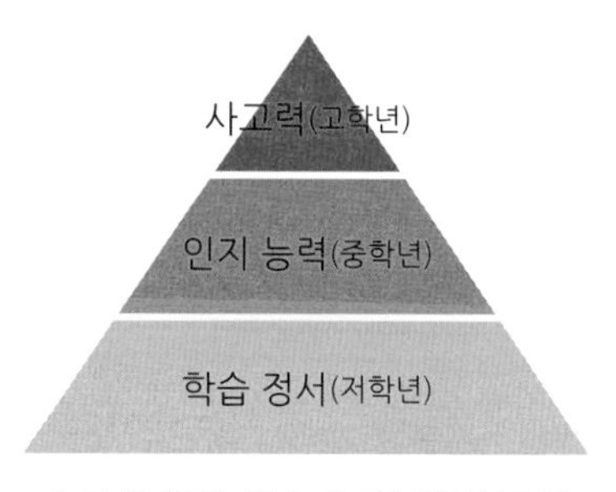

초등학생의 학습 능력 발달 과정

유아에서 초등 저학년 시기에는 학습 정서가 발달합니다. 그중에서 안정감과 호기심은 학습 정서의 바탕이 됩니다. '공부 저력'이라는 말이 있습니다. 운동을 잘하기 위해서는 기초 체력이 좋아야 하듯이 공부도 기초 체력이 좋아야 합니다. 공부 저력은 공부에 대한 기초 체력입니다. 초등 저학년 시기까지의 공부 저력은 학습에 대한 정서를 말합니다. 단순히 한글을 빨리 깨치고, 덧셈 뺄셈을 잘한다고 해서 공부 저력이 생기는 것이 아닙니다.

아이들은 정서적으로 안정되면 새로운 것에 호기심을 갖게 됩니다. 그 호기심을 기반으로 상상력이 발전하면서 공부의 가장 밑바탕, 공부 저력이 생깁니다.

안정감은 가정이나 학교에서 이 시기 아이들의 개별성을 인정하고 각각의 속도를 인정하면서 천천히 반복하는 과정에서 생깁니다.

이 시기 학습으로 이끄는 사람들과 맺는 관계, 학습 단계를 엮는 교육 과정, 충분한 반복과 연습할 수 있는 속도가 아이들의 학습 정서를 좌우합니다. 어른들은 아이들의 개별적인 속성을 인정하면서 보폭이 크지 않는 단계를 만드는 교육 과정으로 아이들의 학습을 이끌어야 합니다. 충분한 반복과 연습이 보장되는 속도였을 때 아이들은 안전하다는 생각을 갖고 학습 세계에 들어옵니다. 이런 학습 정서는 이후 굉장한 공부 저력이 됩니다.

중학년은 이해하고 수용하는 인지 능력이 집중적으로 자라는 시기입니다. 수학으로 치면 최대 공약수를 구하기 위해서 나눗셈을 할 수 있어야 하고, 약수 개념을 알아야 하듯이 수학에서 각종 기본 개념과 연산 기능을 익히는 시기입니다.

중학년은 읽거나 들은 것을 객관적으로 정리하는 능력, 본격적으로 혼자 읽고 독해하고 해석하는 능력을 키우는 데 필요한 기초 기능을 익혀야 하는 시기입니다. 따라서 중학년 시기에는 다양한 글을 읽어야 합니다. 글을 읽고 수용할 수 있는 능력, 줄거리 간추리기, 글 속에서의 낱말의 뜻이나 중심 문장을 추리는 활동들은 매우 중요합니다.

고학년은 사고력이 자라는 시기입니다. 지식과 논리의 시기라 할 수 있지요. 문해력 측면에서 보면, 텍스트를 읽고 단순하게 내용을 아는 것을 넘어 사실과 의견을 정확하게 구분해 내고, 축약되고 생략된 정보를 추출 추론해 낼 수 있어야 합니다. 사고력이 생겨야 다양한 자료를 통해 직접 드러나 있지 않지만 글 속의 배경과 상황을 분석하고 낱낱의 지식을 활용하여 관계를 파악할 수 있습니다.

사고력을 키워 주기 위해서는 먼저 아이들이 비유적 표현을 이해하고 문학적 장치를 이해할 수 있도록 이해력과 독해력을 길러 주어야 합니다. 또 주제에 대한 자기 생각을 드러내는 표현력을 기르는 과정이 교육 활동으로 조직되어야 합니다.

고학년 시기에는 어떤 주제에 대한 이야기를 나누거나 책을 같이 읽고 토론하고 평가할 수 있어야 합니다. 이때 자신의 생각을 분명하게 표현할 수 있어야 하지요. 이 시기에는 사고의 확장을 위해 토론 학습이 중요합니다. 토론은 다른 사람의 생각을 듣고 이해하면서 자신의 생각을 바꾸거나 더 단단히 할 수 있으므로 학습에 아주 중요한 전략이 됩니다.

고학년 시기에 어떤 주제에 관련된 책을 묶어 읽게 하면 아이들의 사고의 깊이와 외연이 더욱 넓어집니다.

예를 들어, <지형과 생활>이라는 사회 단원을 배울 때는 우리

나라 지형과 관련된 책들을 읽게 함으로써 아이들은 지역에 따른 사람들의 삶의 모습을 구조적으로 이해할 수 있습니다. 이런 관련 지식은 배경지식으로 쌓여 학습에도 도움을 줍니다. 아이들은 배경지식을 기반으로 하여 깊이 사고하고, 책을 읽을 때도 깊이 읽게 되지요. 이렇듯 주제와 관련한 다양한 텍스트를 묶어 읽는 방식은 아이들의 사고력을 키우는 데 아주 좋습니다.

문해력, 교육 과정에서 촘촘히 가르쳐야 한다

국어 학습은 때가 있습니다. 문해력도 마찬가지입니다. 시기별로 반드시 갖춰야 할 문해력 성취 기준이 다르고 학년에서 반드시 챙겨야 할 문해력이 다릅니다. 따라서 학년 교육 과정을 수립할 때 각 학년에서 문해력에 대한 학년별 과제 수준에 대한 합의와 수행이 필요합니다. 이런 합의와 교육 과정 수행이 안 되면 다음 학년의 담임 교사는 당황합니다. '작년에 배우지 않았나?', '작년에 이 정도는 읽지 않았나?', '한글은 떼고 와야지!' 하며 혼잣말을 하기도 하지요.

그래서 문해력 교육 과정을 세울 때는 학년별 과제와 목표를 분명히 해야 합니다. 또 이 학년별 교육 과정을 모든 선생님들이 함께 공유해야 하는 과정이 있어야 하지요. 그래야 이전과 이후 학년의 문해력 성취 기준을 알고 자신이 맡은 학년의 문해력 과제를 이해할 수 있기 때문입니다.

또한 각 시기별 문해력 과제와 목표를 분명히 하면서 일상적으로 책 읽기와 더불어 학교에서 할 수 있는 문해력 강화 활동을 해 나가면 좋습니다.

저학년을 위한 어휘·문장·글쓰기 교육

초등 1, 2학년, 저학년 시기의 어휘 교육은 아이들이 생활이나 책에서 접하는 생활말이 문자로 어떻게 바뀌는가를 중심으로 어휘 늘리기를 해야 합니다.

> 일상에서 접하는 어휘, 1, 2학년 수준에서 접할 수 있는 어휘를 놀이처럼 하면서 어휘 늘리기를 합니다.

음절끼리 조합하거나 바꾸면서 다양한 어휘를 만들고 낱말을 읽고 쓰는 활동까지 하면 좋습니다.

초성으로 낱말 만들기

초성만 제시하고 낱말을 만들어 보는 어휘 늘리기 활동입니다. 음가를 정확하게 구분하는 공부가 되기도 합니다.

초성으로 낱말 만들기

제시된 초성으로 낱말을 만들어 보세요.			
ㄴ ㅁ	나무, 나물	ㅇ ㄹ	이름, 이리
ㄷ ㄹ	다리, 도로	ㄴ ㄹ	나라, 노루

같은 글자로 시작하는 말 찾기

첫 음절을 같게 말하기나 끝말잇기와 비슷한 어휘 늘리기 활동입니다. 끝말잇기처럼 낱말이 어디로 튈지 모르는 것은 아니기 때문에 아이들과 쉽게 해 볼 수 있습니다. 그래서 1학년 1학기 정도에 시도해 보면 좋은 활동입니다. 제시된 첫 음절을 넣어 낱말을 만들어 봅니다.

같은 첫 음절로 낱말 만들기

첫 글자가 같은 낱말을 써 보세요.				
가	가을	가게	가지	가방
나	나무	나라	나이	나비
다	다리	다람쥐	다리미	다시마

음절 카드로 낱말 만들기

음절 카드로 낱말을 만들면 점수를 따는 놀이입니다. 음절이 적힌 카드를 2개 또는 3개씩 카드를 집어 낱말을 만들고 1점을 얻습니다.

교사와 아이들이 팀을 나누어 게임 형식으로 하면 한 아이가 찾은 음절 카드를 다른 아이들도 함께 조합하느라 서로 협동합니다.

또 상대가 가져간 글자로 새로운 낱말을 만들면 상대방이 낱말을 잃고 점수를 잃게 되어 자기 팀의 점수가 올라가게 되는데 한 글자를 뺏긴 글자는 다시 쓰지 못하게 합니다.

팀을 나눌 때는 교사 대 학생팀으로 나누어 게임을 하면 좋습니다. 그러면 아이들은 부담을 덜 느끼고 서로 협동하면서 흥미를 보입니다. 아이들은 교사가 만든 글자도 계속 보면서 점수 뺏기를 하는데, 교사는 되도록 아이들 글자는 뺏지 않도록 합니다.

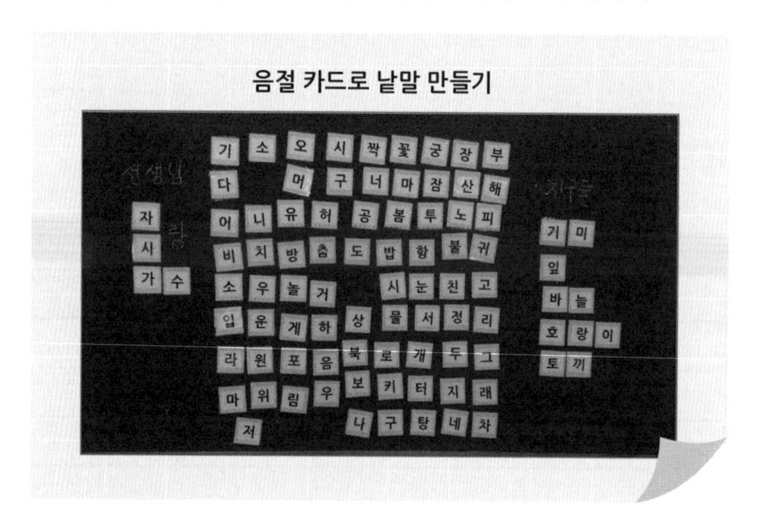

음절 카드로 낱말 만들기

한 음절 낱말로 낱말 불리기

위의 자료에서 한 음절 낱말을 찾아봅니다. 입, 물, 봄, 밥 등을 찾을 수 있지요. 찾은 한 음절 낱말로 파생어나 합성어를 만들며 낱말 불리기 활동을 해 볼 수 있습니다.

예를 들어, '밥'으로 해 본다면, '밥 - 집밥 - 밥짓기 - 밥그릇 - 김밥 - 비빔밥 - 볶은밥 - 밥때 - 맨밥'처럼 할 수 있지요.

이렇게 낱말 불리기를 하고, 만든 낱말을 넣어 문장 말하기도 해 봅니다.

낱말 기본형 변형해서 문장 만들기

예를 들어, '가다'의 기본형을 '가고, 가서, 갔다' 등으로 자연스럽게 변형해서 문장 만들기를 해 볼 수 있습니다.

변형 낱말로 문장 만들기

'가다'의 변형된 앞 낱말을 넣어 문장을 만들어 보세요.	
가고	동생은 유치원에 가고 나는 학교에 간다.
가서	친구 집에 가서 신나게 놀았다.
갔다	주말에 외할머니 댁에 갔다.

주어 서술어로 다양한 문장 만들기

낱말이나 서술어 카드로 하는 문장 만들기 활동입니다. 예를 들어, '나비'와 '날아간다'만 가지고 다양한 문장을 만들기를 해 봅니다. 나비 낱말 카드 다음에 들어갈 조사를 바꾸어 보고, '나비'와 '날아간다' 사이에 '훨훨'이나 '팔랑팔랑' 같은 낱말을 자유롭게 넣어 보며 다양하게 문장 만들기를 해 봅니다. '나비'나 '날아간다' 대신에 다른 주어나 서술어로 다양한 문장 만들기를 해 볼 수도 있습니다.

감정어 말놀이 글쓰기

예를 들어, '설렌다'는 감정어로 설렘을 몸으로 표현하게 하고 설렜던 경험을 써 보게 합니다. 글을 배운다는 것은 내가 직접 경험해 보지 못한 세상을 배워 나가는 과정이기도 하지만 내 세상을 열어 가는 중요한 수단이기도 합니다. 글자를 배우고 어휘를 익히면서 자신들의 감정을 섬세하게 표현하는 언어를 배우고 표현하는 활동은 중요합니다. 또 그림책을 읽어 주고 그림책의 핵심 감정을 자신의 경험을 살려 글을 쓰게 하면 책에 대한 공감대도 늘리고 자신의 감정을 들여다보고 표현하는 기회가 됩니다.

감정어 넣어 문장 만들기

제시된 감정어를 넣어 문장을 만들어 보세요.	
설렌다	내일 생일 선물을 받을 생각을 하니 설렌다.
억울하다	누명을 쓰니 억울해서 잠이 안 온다.

중학년을 위한 어휘·문장·글쓰기 교육

초등 3, 4학년, 중학년 시기의 아이들은 다양한 분야의 어휘를 익혀야 하고, 글의 종류에 따른 읽기 방식도 익혀야 합니다. 이 시기에는 문해력 범위도 넓어지기 때문에 어휘도 생활 어휘를 넘어서는 폭넓은 어휘를 습득해야 합니다. 따라서 이 시기에는 다양한 방식의 텍스트를 읽어 내는 읽기 틀을 알아야 합니다.

언어 능력도 중학년 시기에는 적절함에 비중을 둡니다. 비슷한말이지만 쓰이는 대상과 상황에 따라 다르게 써야 함을 알아야 합니다.

높임말이나 시제의 어긋남, 중복된 표현에 대한 글 고쳐 쓰기를 할 수 있습니다. 예를 들어, '아래'와 '밑', '붉다'와 '빨갛다', '기쁘다'와 '즐겁다'의 작은 차이를 발견하고 적절하고 정교하게 사용할 줄 아는 상시적인 언어 교육 활동이 필요합니다.

서술어로 어휘 불리기

중학년 아이들은 명사뿐 아니라 서술어 표현을 통해 어휘를 많이 익혀야 합니다. 배움 공책을 활용하여 그날의 학습 활동에서 꼭 기억해야 할 어휘를 기록하거나 어휘 카드를 만들어 그날 쓰게 하는 방식으로 어휘 늘리기를 해 나가도록 합니다. 어휘 활동이 날마다 하는 일상적인 활동이 되려면 어휘 글쓰기 공책을 만들어서 정리하면 좋습니다. 어휘는 문학 작품뿐만 아니라 3학년부터 새롭게 배우는 사회나 과학 교과서에서도 골라야 합니다.

서술어로 배우는 어휘

뜻이 비슷하지만 조금씩 다른 어휘	
붉다	노을이 붉게 물들었다.
빨갛다	우리반 반티가 빨간색이라 교실이 온통 빨갛다.

서술어로 배우는 어휘

소리가 비슷하지만 뜻이 다른 어휘	
낫다	형보다 아우가 더 낫다.
낮다	시골의 담장은 낮다.

문장의 형태에 맞게 문장 만들기

중학년 시기 아이들은 문장의 형태를 알아야 하고, 문장의 주어와 서술어 호응에 맞게 완성형 문장을 쓸 수 있어야 합니다. 이에 맞는 지도가 필요하지요. 요즘에는 많은 아이들이 문장을 마무리 짓지 않습니다. '딸기가 새콤달콤해요.'라는 표현을 '딸기 대박!'이라고 쓰곤 합니다. 또 완성형 문장보다는 단어로 말하는 경우도 많습니다. 아이들에게 문장의 형태를 제시하고 문장의 형태에 맞게 문장을 만들게 하는 연습이 필요합니다.

정리 요약하여 글쓰기

중학년 시기에는 중요한 것을 간추려 자신의 말로 정리하여 쓰는 능력도 키워야 합니다. 글의 구조를 파악하면서 글의 내용을 정리하고 자신의 언어로 표현하는 연습을 해야 합니다. 예를 들어, 정보글에 대해 읽는다면 글의 주제에 대해 KWL(Know : 알고 있는 것, Want to know : 알고 싶은 것, Learned : 알게 된 것) 방식으로 정리하면서 읽고, 정리한 것을 종합하여 자기 글로 쓸 수 있도록 지도해야 합니다.

고학년을 위한 어휘·문장·글쓰기 교육

초등 5, 6학년, 고학년도 날마다 어휘 불리기 활동을 해야 합니다. 아침에 칠판에 그날 배울 어휘를 제시해 놓고 아이들이 이 어휘를 하루 수업 마무리 시간까지 한 번 정도 써 보게 하면 좋습니다. 어휘 불리기를 할 때에는 공책을 따로 마련해 배운 어휘를 보기 좋게 정리하도록 합니다. 문장 만들기나 글쓰기도 같은 공책에 정리하게 하면 좋습니다.

사회, 과학, 국어 과목의 비문학 지문도 함께 구조를 익히거나 내용 정리를 하는 연습을 해야 합니다. 고학년 아이들은 문맥에 맞게 낱말의 뜻을 파악할 수 있어야 하며, 표준어와 방언, 비유적인 표현 이해, 속담이나 관용 표현 등을 배워야 합니다. 문장 교육은 문장 성분의 기능을 알게 하고, 시제를 적절하게 사용할 수 있게 가르쳐야 합니다. 인상적인 표현이나 비유적인 표현, 관용 표현을 사용하여 글을 쓸 수 있도록 지도해야 하지요.

논리적인 사고력과 글쓰기 능력을 키워 주기 위해서는 자신의 의견이나 주장을 잘 전달하도록 해야 합니다. 그러려면 알맞은 근거를 들어 주장을 펼칠 수 있어야 하지요. 아이들이 글에 직접 드러나지 않는 내용을 추론하거나 문제 해결 짜임을 활용하고 글을 쓸 수 있도록 가르치고, 문제 해결 방안이 적절한지 판단할 수 있도록 지도해야 합니다.

동사, 형용사 어휘 늘리기로 묘사력 높이기

동사나 형용사 어휘 늘리기 활동을 의식적으로 해야 합니다. 동사나 형용사는 으뜸꼴 변형이 많이 되기 때문에 문장을 만들어 보면서 자연스럽게 변형을 익히게 하면 좋습니다. '가다, 거닐다, 고이다, 기어들다'처럼 ㄱ부터 시작해 서술어를 차근차근 익히고 찾아보게 하는 것도 좋습니다.

동사, 형용사로 어휘 늘리기

ㅁ으로 시작하는 동사, 형용사	
낱말	만든 문장
맡다	자신이 맡은 일은 끝까지 잘 마무리하자.
머금다	이슬을 머금은 잎사귀가 싱그럽다.
무르다	물을 많이 넣었더니 반죽이 무르다.
맑다	하늘이 구름 한 점 없이 맑다.

정확하게 쓰면서 창의 표현 키우기

'새다'와 '세다'처럼 발음도 비슷하고 어떻게 구분해서 써야 하는지 어려운 말들이 있습니다. '이따가'와 '있다가'처럼 헷갈리기 쉬운 말도 있지요. 이런 말들은 정확하게 어떻게 구분하여 쓰는지를 가르쳐야 합니다. 이런 낱말이 책을 읽거나 수업 중에 나오면 이때 가르치면 되지만 날마다 낱말 불리기를 하는 시간을 정해서 예시 문장을 써 보면서 하면 좋습니다.

이렇게 헷갈리기 쉬운 말을 정확하게 구분해서 쓸 수 있도록 가르쳐야 함과 동시에 창의적인 표현을 할 수 있도록 지도해야 합니다. 창의적인 표현은 아이들의 표현성을 풍부하게 할 뿐 아니라 다양한 문학 작품을 이해하는 데도 꼭 필요합니다. 창의적인 표현 훈련은 다음과 같이 해 볼 수 있습니다.

예를 들어, '불안하다'는 감정어를 '불안하다'는 말을 사용하지 않고 불안한 느낌을 문장으로 만들어 봅니다. '등이 뻣뻣해지는 것이 느껴졌다.', '눈동자를 데굴데굴 굴렸다.', '가만히 앉아 있지 못하고 서성이기 시작했다.'처럼 표현해 볼 수 있을 것입니다. 이 같은 표현에 가장 공감이 가는 표현을 아이들에게 찾아보게 하면 됩니다.

창의적인 표현을 훈련하다 보면 표현력뿐만 아니라 사물이나 대상을 자세히 살피고 묘사하는 능력도 길러집니다. 사람이 불안해지면 어떤 몸의 변화가 오는지, 마음은 어떻게 요동치는지를 자신뿐 아니라 타인을 살피며 관찰력을 기를 수 있을 테니까요.

창의적인 표현의 한 영역으로 관용 표현도 익힐 수 있도록 지도합니다. '손발이 맞는다', '입을 맞춘다'와 같은 생활에서 많이 쓰는 관용 표현을 어휘 불리기 시간에 익히도록 하고, 속담이나 관용 표현을 글쓰기에 실제 활용하게 합니다.

상황에 맞는 형식으로 글쓰기

자신이 말하고자 하는 상황에 맞게 글을 쓰는 훈련도 필요합니다. 설명하거나 주장을 할 때 어떤 형식이 말하기의 목적에 적절한지를 판단하여 글의 형식을 선택하게 합니다. 설명 방식도 다양하고 주장 방식도 다양합니다. 먼저 설명글 형식의 다양함을 배우고 어떤 형식으로 쓸지 선택하게 합니다. 형식을 잘 선택하면 내용 전달이 훨씬 분명해진다는 것을 아이들 스스로 깨닫게 됩니다.

다양한 설명 방식이나 주장 방식에 따라 글을 쓰는 훈련을 평상시에 하고 글을 쓸 때나 말할 때 스스로 글의 형식을 선택할 수 있도록 하면 좋습니다.

최고의 문해 환경, 소리 내어 읽기

문해 환경은 단순히 책을 비치하고 책을 읽으라고 한다고 해서 만들어지는 것이 아닙니다. 문해 환경은 어른, 즉 조력자와의 상호 작용을 통해 발전합니다. 그래서 가정뿐 아니라 학교에서도 날마다 책을 읽어 주어야 합니다. 읽어 주기는 어른과 상호 작용을 하는 것입니다. 이런 상호 작용을 통해 문자 세상을 만나야 부담 없이 마음껏 책 세상으로 들어가게 되고, 아이들은 책에 흥미를 보이고 관심을 두게 됩니다.

> 책을 읽어 주면 아이들의 상상력이 발달하고, 주의 집중력, 듣기 능력, 이해 능력이 향상됩니다.

또 책을 읽어 주면 낯선 학습 환경, 본격적인 문해 환경에 대한 불안감이 줄어 아이들은 정서적으로 안정됩니다.

교사가 읽어 줄 때는 일정한 시간을 정해 읽어 줍니다. 수업과 관련이 있으면 수업 시간에 읽고 활동하고, 깊게 읽어야 할 작품은 다양한 활동과 결합하면서 책이 주는 경험을 좋은 경험으로 남게 해야 합니다.

학교에서 날마다 읽어 준 책을 알림장에 '선생님이 읽어 준 책'이라고 쓰고, 아이들이 집에 가서 부모님과 언어 전달 놀이처럼 책 제목이나 이야기에서 생각나는 것을 써 오게 한 적이 있습니다. 학교에서는 날마다 아이들에게 어떻게 읽어 주는지를 보여 주기 위한 목적도 있었지요.

가정에서 책 읽어 주기가 어려우면 읽기 학습지로 날마다 소리 내어 읽는 환경을 만들면 좋습니다. 읽기 학습지는 교과서의 바탕글, 동시집의 동시, 그림책의 글 자료로 만들어 일주일 동안 반복해서 소리 내어 읽도록 하는 자료입니다.

어른이 먼저 읽어 주고, 아이들이 따라 읽게 합니다. 나중에는 아이들 스스로 소리 내어 읽도록 합니다. 날마다 소리 내어 읽게 하니 아이들의 읽기 유창성은 눈에 띄게 발전했습니다.

교과서 바탕글 학습지는 학교의 수업 진도보다 미리 읽게 만들면 수업에서 그 바탕글을 다룰 때 아이들은 자신감 있게 참여할 수 있습니다.

읽기 학습지

서울 00초등학교 1학년 읽기 과제

♥ 집에서 매일 꾸준히 읽기 공부해요 ♥

11월 21일(월) ~ 11월 25일(금)

여우와 두루미

여우와 두루미는 이웃에 살았습니다.

"두루미야, 오늘 저녁 식사에 초대할게."

여우의 말에 두루미는 무척 신이 났습니다.

"정말? 고마워!"

여우의 집은 맛있는 음식 냄새로 가득하였습니다.

"두루미야, 맛있게 먹어."

두루미는 식탁을 보고 깜짝 놀랐습니다.

여우가 납작한 접시에 음식을 담아 주었기 때문입니다.

'이걸 먹으라고?'

두루미는 부리가 길어서 도저히 음식을 먹을 수 없었습니다.

두루미는 화가 나서 집으로 돌아왔습니다.

(이하 생략)

	11월 21일 월	11월 22일 화	11월 23일 수	11월 24일 목	11월 25일 금
점수	하루 20점 만점	하루 20점 만점	하루 20점 만점	하루 20점 만점	하루 20점 만점
총점	( )점(100점 만점) 이 학습지는 국어책에 나오는 글이나 시를 읽기 자료로 만든 것입니다. 냉장고 등에 붙여서 가정에서 매일 소리 내어 읽게 해 주세요.				

온작품 읽기와 문해력을 키우는 국어 수업

온작품과 문해력은 어떤 관계일까요? '온'은 '전체'라는 의미도 있고, '온전한 것'이라는 의미도 있습니다. 교과서의 조각난 글이나 작품으로는 학습 목표를 달성하기는 쉽습니다. 하지만 학습 목표 이외에 아이들이 몰입하고 즐거움을 느끼며 문장 표현을 배우고 그 속에 있는 인물들의 삶을 들여다보고 자신의 삶을 성찰하는 데까지 이어지지 못합니다.

그래서 교과서에 편집되어 제시된 부분적인 작품을 온전한 형태로 수업에 가져와야 합니다. 이를 통해 학습 성취 기준이나 학습 목표를 이룰 뿐만 아니라 아이들의 삶을 이야기하고 텍스트에 직접 드러나지 않는 사상이나 감정, 역사와 삶의 태도를 배우고 자신을 성찰하며 성장하는 기회를 얻게 됩니다.

그런 온작품 읽기를 할 때 어떤 작품으로 어떻게 할 것인가는 각 학급 아이들의 현실과 욕구, 능력에 맞게 조정되어야 합니다.

온작품으로 수업할 때는 다음과 같은 원칙을 세우고 작품을 고르고 수업을 계획합니다.

첫째, 교사가 읽어 본 작품 중에서 고릅니다.

교사가 읽어 보지 않은 작품은 현재 맡고 있는 아이들의 어떤 부분, 교육 과정의 어느 부분과 결합할지 알 수 없습니다. 그래서 교사는 부지런히 틈나는 대로 작품을 읽어 두고 메모하면 좋습니다. 같은 이유로 도서 추천 부탁을 받아도 함부로 추천하지 않습니다. 그 책이 우리 반 아이들과 맞는 이야기일 수는 있어도 만병통치약이 되지는 않기 때문이지요.

끊임없이 새로운 책을 읽지 않으면 요즘 아이들이 공감하는 주제나 세상의 문제에 동떨어지기 쉽습니다.

둘째, 학년 교육 과정에 맞게 읽고, 함께 할 수 있는 활동을 메모합니다.

《화요일의 두꺼비》(러셀 에릭슨, 사계절)를 4학년 아이들과 읽는다면, 4학년 교육 과정에 맞는 줄거리 간추리기, 마음이나 성격 드러내는 곳 찾기, 한겨울에 길을 나선다는 두꺼비와 형의 처지에서 서로 설득하기 등을 해 볼 것입니다. 물론 어휘 불리기나 문장 교육은 수시 활동으로 잡지요.

4학년 교육 과정에서 반드시 다뤄야 할 것들을 정리해 두면 3~4개의 온작품 수업만으로도 4학년 핵심 성취 기준을 충분히 달성할 수 있습니다.

셋째, 모든 아이가 같은 책을 갖고 수업합니다.

교사가 읽어 주기만 하면, 아이들은 이야기의 서사를 아는 것 이외의 활동을 하기 어렵습니다. 문장이나 어휘를 배울 기회를 얻지 못할뿐더러 성격이 드러난 곳 찾기나 가장 효과적인 표현을 찾고 직접 따라 쓰기 같은 활동을 할 수 없기 때문이지요.

또 모든 아이가 책을 갖고 있어도 혼자 읽어 오라고 하기보다는 교사가 소리 내어 읽어 줍니다. 어휘나 맥락을 파악해야 할 때 읽기를 멈추고 해야 할 활동을 합니다. 국어 수업 시간에만 읽어도 200쪽이 넘는 장편도 이주일 정도면 다 읽을 수 있습니다. 읽는 데 15~20분 정도 걸리고 읽은 부분과 연결된 다양한 활동을 구성하는 방식입니다.

이렇게 함께 읽으면서 활동하면 읽기 능력이 떨어진 아이도 몰입해서 읽고 수업에 참여합니다. 공통의 경험이 있어서 읽기 활동에 이어서 다양한 활동도 할 수 있습니다.

넷째, 읽는 기간을 너무 길게 잡지 않습니다.

작품은 잠깐 다루고 기타 활동을 너무 길게 하면 아이들의 작품 몰입도는 떨어집니다. 이미 읽은 부분에 대한 기억마저 흐릿해져서 이야기의 흐름에 긴장감을 갖지 못하지요.

좋은 작품을 골라서 잘 읽는 데 목표를 두고 하다 보면 학년에 맞는 학습적 요소를 충족시킬 수 있습니다. 재미를 넘어서 아이들이 작품을 통해 한 뼘 더 성장하는 삶의 교육으로 이어진다는 느낌을 받게 됩니다.

문학 작품은 자신의 삶을 성찰하고 성장시키는 데 도움을 줍니다. 정신적 건강을 위해 활용되기도 하는데, 그 과정을 '독서 치료' 또는 '치유'라고 하지요.

독서 치료의 원리는 몰입, 동일시, 카타르시스, 통찰입니다. 교과서의 조각난 작품은 동일시, 카타르시스, 성찰로 들어가는 입구인 몰입부터 잘 되지 않습니다. 이런 조각난 작품으로는 학습 목표는 달성할 수 있어도 몰입 자체가 안 되기 때문에 글에 대한 비판이나 자기 생각을 표현하는 높은 수준의 문해력으로 나아가지 못합니다.

좋은 작품으로 온작품 읽기를 하면 아이들의 학습 능력은 올라가고 문해력 또한 향상되며 삶의 교육으로도 나아갈 수 있습니다.

지희 쌤 문해력 톡톡

Q 학교의 문해력 교육 과정을 엄마도 꼭 알아야 할까요?

A 알면 시기별로 꼭 갖춰야 할 공부 저력을 키워 줄 수 있습니다.

학교 교육 과정은 아이들의 발달 과정을 토대로 짜여져 있습니다. 문해력도 마찬가지입니다. 시기별로 가르쳐야 할 것, 그 시기에 갖춰야 할 것들을 정리해서 가르치는 것이 학교 교육 과정이지요. 그래서 학교 교육 과정이나 아이들의 발달 과정을 알면 가정에서 어떻게 지원해야 할지 길이 보입니다. 학교와 가정의 시기별 적절한 지원으로 아이들의 공부 저력은 자랍니다.

이것만은 꼭!

공부 저력 키우는 학습 능력 발달 과정

학습 정서(초등 저학년)
안정감과 호기심은 학습 정서의 바탕이 됩니다. 학교나 가정에서 아이들의 개별성을 인정하고 충분한 반복과 연습할 수 있는 속도로 학습을 이끌어야 합니다. 아이들이 안전하다는 생각을 갖고 학습 세계로 들어올 때 굉장한 공부 저력으로 이어집니다.

인지 능력(초등 중학년)
지식과 논리를 이해하고 수용하는 인지 능력이 자랍니다. 스펀지처럼 흡수한 인지 정보는 사고력의 밑바탕을 이룹니다. 정리하는 능력, 혼자 읽고 해석하는 능력을 키우는 데 필요한 기능을 익혀야 합니다. 줄거리 간추리기, 중심 문장 찾고 정리하는 활동이 매우 중요합니다.

사고력(초등 고학년)
사고력이 자라는 지식과 논리의 시기입니다. 이해력과 독해력, 표현력을 길러 주어야 합니다. 사고의 확장을 위해 토론 학습이 중요합니다. 문해력이 수평으로도 확장해야 하는 시기이므로 다양한 텍스트를 읽고, 어휘를 익혀야 합니다.

2부

문해력, 갈래별 초등국어 공부로 키웁니다

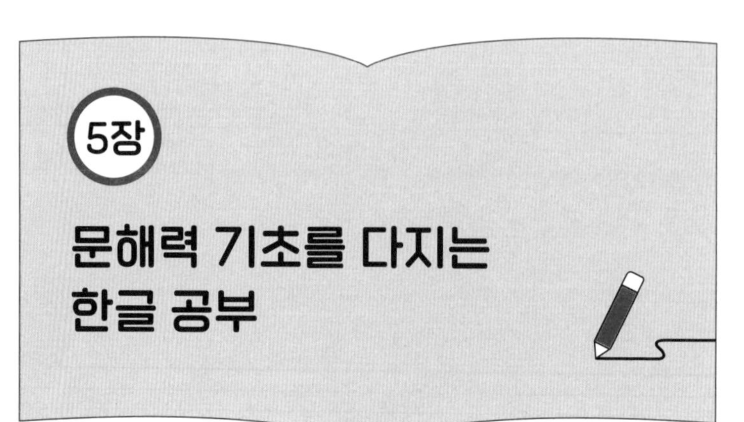

한글 교육, 문자에 대한 첫인상을 좌우한다

흔히 아이들의 입학을 앞두고 5~6세부터 한글을 가르치고 수를 가르칩니다. 만 7세 때 5~6개월 차분하게 가르치면 웬만해서는 한글을 읽고 쓸 수 있는데 아직 배울 준비가 안 된 아이들을 데리고 2~3년을 혹독하게 한글 습득 훈련을 하는 것이지요.

"한글도 몰라서 어쩔래?", "그러다가 맨날 빵점 맞을래?" 하면서 한글을 배우기도 전에 공포감부터 심어 줍니다.

좋은 첫인상을 남기는 데 두 번째 기회란 없습니다. 특정 과목을 처음 어떻게 배우느냐가 그 과목에 대한 인상을 좌우합니다. 한글을 비롯한 문자 교육도 마찬가지입니다.

> 문자 교육을 언제 어떻게 시작하느냐는 아이들의 문자 세계에 대한 인상을 좌우하고 평생을 걸쳐 키워야 할 문해력의 토대가 됩니다.

그래서 초등학교 1학년의 한글 교육은 문자 세상에 대한 기대감과 설렘을 갖게 해야 합니다. 이런 기대감과 설렘은 글자를 모르고 아예 책을 모르던 시절부터 꾸준히 들어 온 이야기와 책의 영향이 가장 큽니다. 문자를 본격적으로 만나는 이 시기에 문자를 알아가는 경이로움을 느낄 수 있게 해 주어야 합니다. 문자들의 결합으로 의미가 생기고 서사가 생기는 이야기의 세계를 맛보게 했을 때 아이들은 문자 세상에 기꺼이 발을 들여놓을 것입니다.

몰랐던 사실을 알게 하고, 경험하지 못했던 세계를 경험하게 하고, 깨닫지 못했던 것을 깨닫게 하며 다른 사람과 생각을 나눌 수 있게 해야 합니다. 다른 사람의 언어와 표현과 농담을 이해하고 다른 세상으로 여행하고 탐험하는 것에 기쁨을 맛보게 해야 문자 세상에 흥미를 보이고 배움에 대한 욕구도 생깁니다.

한글 교육의 핵심은 다양한 읽기 자료나 읽기 방식을 도입하고, 배움의 단계를 촘촘하게 나눠 숱한 반복과 학습을 할 수 있게 교육 과정을 짜는 데 있습니다. 또한 1학년에서 한글을 습득했다고 볼 수 있으려면 다음 다섯 가지 측면을 만족시켜야 합니다.

첫째, 자소와 음소를 연결 짓고 구분할 수 있는가입니다.

둘째, 자소의 결합과 변화를 알아채고 자소 결합으로 만들어진 음절을 읽을 수 있는가입니다.

셋째, 음절의 결합으로 이루어진 낱말을 읽고 그 의미를 아는 어휘력을 갖추었는가입니다.

넷째, 낱말은 물론 문장이나 글을 자연스럽게 읽어 내는 유창성을 갖추었나입니다.

다섯째, 문장이나 글을 읽고 글에 드러난 사실적 이해를 할 수 있는가입니다.

정확한 한글 습득, 문해력의 출발이다

문해력 발달의 측면에서 볼 때 한글 습득은 문해력의 출발 지점입니다. 정확한 한글 습득이 되지 않아 글자를 유창하게 읽고 쓰지 못하면 다음 단계로 진입조차 할 수 없습니다. 그래서 1, 2학년의 한글 습득 기간을 '문해력의 골든타임'이라고 합니다. 정확한 한글 습득은 향후 독서 능력이나 학습 능력에 미치는 영향력은 매우 큽니다.

한글을 제대로 깨치지 못한 아이들은 기본적으로 문자 환경에 매시간 노출되는 학습이나 책을 싫어하게 됩니다. 그런 아이들은 책에서 도망치기 쉽지요.

> 한글 습득과 기초 문해력은 모든 학습의 기초이기 때문에 한글 습득이 되지 않으면 국어 수업뿐만 아니라 모든 수업에서 소외되기 시작합니다.

그래서 한글 교육은 문자 교육의 시작이기도 합니다. 글자를 어느 정도 읽는 아이들도 한글의 음가를 알고 제대로 낱말을 만들고 쓸 수 있어야 합니다. 유창하게 읽고 문장이나 글을 해석할 수 있는 단계까지 가려면 한글 교육 과정은 촘촘해야 하지요.

한글 교육은 다음과 같이 이루어져야 합니다.

첫째, 문자 교육의 시작, 선 그리기부터 해야 합니다.

글자는 기호입니다. 선은 기호의 작은 구성 요소입니다. 선이 어디에서 시작되어 어디로 뻗어 가는지, 또 어디에서 꺾이고 어느 방향으로 기울어지고 굽어지는가를 인식해야 아이들이 글자를 구분할 수 있습니다. 예를 들어, ㄱ과 ㄴ을 구성 요소인 선만 보았을 때는 가로선과 세로선으로 이루어져 있습니다. 하지만 선의 진행 방향과 꺾이는 지점이 달라지면서 글자가 달라지고 음이 달라집니다. 1학년 아이들은 이것을 잘 구분하지 못하기 때문에 글자를 거꾸로 쓰기도 합니다. 선 그리기는 글자 쓰기의 전 과정으로서의 의미도 있지만 소근육의 힘을 키워 주고 공간 감각과 뇌와 손의 협응력도 키워 줍니다. 색채 감각, 단순한 선이 주는 미적 체험도 가능하게 해 줍니다.

둘째, 1학년 내내 한글 교육을 해야 합니다.

자모에서 시작해서 음가를 구분하고 음절을 이루는 방법과 소리 내는 방법, 그 음절들이 모여 낱말을 이루고 그 낱말들이 문장으로 표현되어 이야기가 된다는 것을 충분히 익히고 부려 쓸 수 있게 해야 합니다.

예를 들어, '아'와 '어'를 가지고 충분히 놀면서 '아', '어'가 어떻게 다른 느낌으로 다가오는지 몸으로도 만들어 보고 찰흙으로 빚어도 보는 것입니다. 또 다른 음소랑 결합하면 어떤 소리가 나는지, 그 음절들은 어떤 낱말 속에 숨어 들어가 있는지를 찾아봅니다. '가'의 'ㅏ'는 'ㄱ'과 'ㅏ'가 만나서 '가'가 되었다는 것을 아는 데서 그치지 않고, [가아~] 하면서 '가' 끝에 '아'가 있음을 구분할 수 있어야 합니다. 그래야 다른 자소랑 결합된 모음을 구분할 수 있습니다.

모음뿐 아니라 자음의 음가를 가르칠 때도 아이들은 받침으로 오는 음가를 어려워 합니다. 글자를 보고 어떤 받침이 온 지는 구분하지만, 소리를 듣고 구분하기는 어려워 하지요. 그래서 '각'을 [가~ 아~ 윽] 소리를 내며 [윽] 음가를 느끼고 구분하게 해 줘야 합니다. 또 '아장아장', '어기적어기적' 같은 부사를 넣어 문장 만들기 같은 말놀이를 합니다. 또 읽어 주는 책이나 이야기에서도 '아', '어'가 들어간 낱말을 찾는 말놀이를 함으로써 생활에서도 두 음소를 구분하고 구별하는 활동을 합니다.

이런 모든 활동은 반복을 충분히 해야 합니다. 언어 학습의 가장 기본 원칙은 반복 경험입니다.

> 한글 교육은 1학년 전 과정의 가장 중심이 되는 교육과정으로 일 년 내내 펼쳐져야 합니다. 자음 모음 한 글자에 일주일 정도씩 충분히 갖고 놀 수 있게 해야 합니다.

셋째, 한글 습득 방식은 절충식으로 해야 합니다.

통문자로 하는 의미 중심의 한글 교육은 글자를 하나 하나 가르쳐야 하므로 확장성이 크지 않습니다. 통문자로 시작하더라도 통문자 안에 있는 자소를 분리하고 결합시켜 보면서 소리가 달라지고 의미가 달라지는 것을 익히도록 해야 합니다. 절충식으로 해야 하는 것이지요.

'나무'라는 낱말을 배운다면 나무는 'ㄴ'과 'ㅏ'와 'ㅁ'과 'ㅜ'로 분해도 해 보고 '나, 너, 노, 누'처럼 다른 모음을 결합도 시켜 보고, '나이, 나라, 나비'처럼 '나'라는 음절과 다른 음절을 결합도 해 봐야 합니다. 이런 과정을 거쳤을 때 '나무'라는 낱말을 절충식으로 배우게 됨으로써 이 낱말은 배움 씨앗이 됩니다.

넷째, 소리와 글자를 차근차근 매칭합니다.

자음 모음의 글자 모양을 살피고 획순에 맞게 쓰면서 모양을 익히고 또 소리는 어떤 소리가 나는지 음소와 자소의 대응 관계를 익힙니다. 소리를 듣고 음절에 어떤 자모가 쓰이는지 소리를 듣고 구분해 낼 수 있어야 하지요. 예를 들어, '공, 굴, 김, 강, 감'이라는 소리에서 ㄱ이 [그]로 소리 나는 공통점이 있음을 인식하면 음절이 결합한 낱말을 자연스럽게 읽고 낱말의 의미를 이해하면서 해독의 기초가 생깁니다. 자소라는 씨앗이 낱말과 해독이라는 열매로 이어지는 과정입니다. 그래서 1학년은 일 년 동안 한 글자 한 글자 천천히 반복해서 음가와 자소, 음절, 낱말, 문장, 말놀이 등의 루틴으로 배워야 합니다.

다섯째, 기본적인 어휘력을 갖춰야 합니다.

1학년은 낱말뿐만 아니라 글을 본격적으로 읽는 시기입니다. 낱말을 소리 내어 읽고 그 낱말의 의미를 이해하는 어휘력이 있어야 글에 대한 이해력이 생깁니다. 책 읽어 주기는 어휘력 습득에 가장 효과적인 방법입니다. 어른이 읽어 주면서 낯선 어휘나 어렴풋하게 알고 있는 어휘를 맥락에 맞게 쉽게 설명해 주면 혼자 읽을 때보다 4, 5배 더 많은 어휘를 습득한다는 통계도 있습니다. 책 읽어 주기뿐만 아니라 음절을 다양하게 조합하여 낱말을 만들고, 그 낱말 뜻을 이해하는 활동도 어휘 습득에 도움을 줍니다.

여섯째, 유창하게 읽을 수 있도록 소리 내어 읽게 해야 합니다.

발음을 정확하게 하고 어절이나 문장을 유창하게 읽을 수 있어야 정확한 문자 습득이 되었다고 볼 수 있습니다. 글자를 읽을 수 있다고 해서 언어의 정확성이 습득되었다고 보기는 어렵다는 것입니다.

> 끊어 읽어야 할 때 끊어 읽으며 문장을 자연스럽게 읽어 낼 때 문장의 내용이나 의미를 자연스럽게 파악할 수 있습니다.

따라서 따라 읽기나 소리 내어 읽기 연습이 필요합니다. 또 이때 제시하는 글은 아이 수준에 맞거나 그 시기에 배우는 글자가 많이 들어간 것이면 좋습니다.

일곱째, 손글씨 쓰기를 시작해야 합니다.

손글씨는 손가락의 소근육을 발달시켜 뇌의 발달을 촉진합니다. 또한 글씨를 손으로 직접 쓰면서 조작 활동을 하게 되므로 정확한 글자 습득에도 도움이 됩니다.

글씨를 쓸 때 아이들이 획순을 심하게 틀리게 쓰는 경우가 종종 있습니다. 한글 교육 초기, 모음과 자음을 배울 때 획순을 바르게 익혀야 합니다.

모음과 자음을 처음 쓸 때 획마다 이름을 붙여 쓰며 연습하면 좋습니다. 이름은 아이들과 약속하면 되지요. 예를 들어, ㅣ는 내리금, ㅡ는 건너금, ㄱ은 건너꺾기, ㄴ은 내리꺾기, ㅅ은 빗금벌림, ㅇ은 둥금 식으로 선의 이름을 약속하는 것입니다.

'가'의 경우에는 '건너꺾기, 내리금, 건너금' 하면서 획순을 말하며 씁니다. 처음에는 크게 쓰고 점점 작게도 쓰면서 획순에 맞게 쓰는 연습을 합니다. 글씨는 자신의 성공감을 높이며 글씨를 잘 쓰는 아이들은 글자나 글을 쓰려고 하는 욕구도 강합니다. 모음과 자음 쓰기, 음절, 낱말, 문장 쓰기로 계속 확장해야 합니다.

읽어 준 책 또는 읽은 책에서 마음에 드는 문장을 따라 쓰게 해도 좋습니다. 책 속 문장을 따라 쓴다는 것은 아이들 마음에 가장 다가온 문장이므로 간접적으로 마음을 표현하는 기회가 되기도 합니다. 작가들이 공들여 쓴 훌륭한 문장을 따라 씀으로써 표현력도 발달하지요.

여덟 번째, 매일 읽어 주기로 읽는 아이로 성장하게 합니다.

문자 세계에 본격적으로 들어오는 아이들이 문자를 적극적으로 배우고자 하는 의욕을 갖게 하려면 문자 세상의 다채로움과 경이로움을 느낄 수 있도록 해 줘야 합니다. 그런데 글자를 읽지 못하거나 읽더라도 유창하지 못하면 읽어도 무슨 말인지 모르기 때문에 내용을 충분히 이해하기 어렵습니다. 재미를 느끼지도 못하므로 책에서 멀어지고 말지요.

어른들이 읽어 주면서 맥락에 맞게 어휘를 설명해 주면 아이들은 책 내용을 즐길 뿐만 아니라 어휘나 배경지식도 많이 얻게 되어 스스로 읽는 독자로 성장합니다.

ㄱ으로 살펴보는 1학년 한글 교육 과정

음가 알고 소리 구분하게 하기

모음이든 자음이든 자소가 어떤 소리가 나는지를 정확하게 가르쳐야 합니다. ㄱ은 초성에서는 [그] 소리가 난다는 것을 가르칩니다. 그렇게 하면 'ㄱ'과 'ㅏ'가 만나면 [그아], [가] 소리가 나는 것을 깨달아서 음절을 읽을 수 있게 됩니다. 음을 구분하고 그 소리가 들리면 머리에서 ㄱ이 그려지게 하는 과정이지요.

처음에는 '그, 느, 스, 츠' 정도로 자소의 음가를 구분하게 하다가 '가, 거, 서, 오, 고, 초' 등으로 받침 없는 한 음절에서 'ㄱ [그]'을 소리로 구분하게 합니다. 다음에는 '가방, 나방, 거미, 호미' 같은 낱말의 첫 글자 초성에서 'ㄱ [그]'을 구분하면서 자소와 음가를 확실하게 연결되게 합니다.

받침소리를 구분하는 것도 처음에는 '윽, 응, 을' 등에서 'ㄱ받침 [윽]' 소리를 구분해 보고 또 '악, 알, 앙, 옥'에서 'ㄱ받침 [윽]'을 구분하게 하거나 '각, 간, 갈, 강' 등의 음절에서 'ㄱ받침 [윽]' 소리를 구분하는 활동을 하면서 'ㄱ받침 [윽]' 소리를 확실하게 구분하게 합니다.

ㄱ 소리 구분하기 활동

글자	어디에 쓰일까?	어떻게 소리 날까?	소리를 듣고 [그] 또는 [윽] 소리가 나면 손을 드세요.
ㄱ	첫소리	[그]	그, 느, 스, 브, 므
			가, 나, 다, 거, 너, 서, 고
			가방, 나무, 소방차, 코끼리
	끝소리 (받침)	[윽]	윽, 응, 은, 을, 악, 앙
			악기, 약국, 옥수수
			막대, 학교, 책, 국수

획순에 맞춰 쓰기

처음에는 낱말보다는 자음과 모음의 모양을 그리거나 쓰면서 모양과 획순을 익히게 합니다. 낱글자나 낱말을 획순에 맞게 쓰는 활동을 이어서 합니다. 크레파스로 크게 써 보고 색연필로 중간 크기로도 써 봅니다. 2B연필로 작게 네모 공책에 쓰는 연습도 필요합니다. 획순에 맞춰 쓰기는 글자를 다 익힌 뒤에 하는 것이 아니라 글자를 배우면서 같이 해야 합니다.

음절과 낱말 완성하기

자소가 달라지면 음절이 달라지고 의미가 달라지는 것을 경험하게 합니다. 예를 들어, ㄱ과 결합하는 모음의 변화를 주면서 글자의 결합이 달라지면 소리가 달라지고 의미가 달라지는 것을 느끼게 하는 것입니다. '가 - 가방 - 가수 - 가로수 - 가슴 - 가게', '거 - 거미 - 거리 - 거인 - 거짓말' 같은 식으로 음절이 낱말로 발전해 가는 것도 체험하게 해 줍니다.

생활말에서 자모음이 들어가는 낱말 익히기

1학년은 주변에서 소리로 들었던 말들이 어떻게 글자화 되는지 아는 게 중요합니다. 그래서 생활 낱말 더미에서 불러 주는 낱말 찾는다거나 같은 글자 찾기, 자주 틀리는 생활말 고쳐 쓰기 등을 통해 생활 속 말소리를 글자와 매칭하는 활동을 해야 합니다.

같은 글자 찾기

제시어	제시어와 같은 글자를 찾아 동그라미 하세요.				
가위	고위	가위	거위	구위	갸위
고양이	거양이	구양이	고양이	기양이	그양이
그네	그내	그니	그노	그네	그녜
감	검	곰	굼	김	감

불러 주는 말 듣고 낱말 찾기

불러 주는 낱말을 찾아 동그라미 하세요.
가위 가지 가방 가을 가수 거북이 겨울 거위 기차 그네 고양이 강 감 가족 강아지 거미 기린 고구마

받침 글자 익히기

글자를 소리 내어 읽으며 배우는 시기에 받침 글자를 제대로 가르치는 경우가 많지 않습니다. 이 시기에 받침 글자에 대해 제대로 배우지 않으면 받침 글자를 제대로 배울 기회가 없기 때문에 꼭 가르쳐야 합니다.

받침의 음가를 인식하도록 '아, 오, 야, 여' 같은 받침 없는 음절에 'ㄱ받침'을 넣어 '악, 옥, 약, 역'을 소리 내어 읽게 합니다. 또 다른 받침을 넣어 '악, 알, 압, 안, 앗, 암'이나 '박, 밥, 방, 반'과 같은 받침만 다른 음절 소리와 비교하며 'ㄱ받침소리 [윽]'을 구분하게 합니다. 이때 '악'이나 '박' 같은 음절은 '악수'와 '수박' 같은 낱말에서도 다루어 생활말 속에서 'ㄱ받침'의 음가를 느끼게 합니다.

받침이 쓰이는 서술어도 가르칩니다. 교과서나 그림책을 읽으면서 'ㄱ받침'이 들어가는 서술어를 찾고, 찾은 서술어로 간단한 문장 만들기를 합니다. 쓰기 전에 말하기를 해 봐도 좋습니다. 예를 들어, 바탕글에서 '찍다'를 찾았다면 '찍다'를 넣어 문장을 말해 보게 합니다. '사진을 찍다.', '도끼로 나무를 찍다.', '탕수육을 소스를 찍어서 먹었다.', '도장을 찍다.' 등을 말하게 하고 문장을 골라 아이들과 함께 써 보는 활동을 합니다. 받침 넣기 활동도 받침을 정확하게 익히는 데 효과적입니다. 예를 들어, '책, 박수, 자석, 걱정'을 읽어 주고 받침이 없는 학습지에 받침을 넣게 하는 활동입니다.

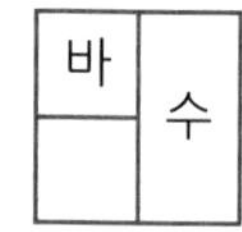

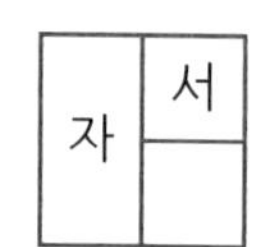

거	저
	ㅇ

어휘 불리기

음절 놀이는 음절을 마음대로 결합하여 낱말을 만드는 놀이입니다. 학습지로 해도 좋고 음절 카드를 만들어 카드를 뽑아 가며 음절 만들기를 해도 됩니다.

음절 놀이로 배우는 어휘

음절판				
가	강	공	기	구
고	방	차	이	거
리	점	터	린	자
과	양	이	북	개

음절판을 보고 다양하게 한 음절 낱말 놀이(예 : 공, 방, 양), 두 음절 또는 세 음절 놀이(예 : 기린, 고리, 기차), 문장 만들기(예 : 나는 과자를 먹습니다.)를 다양하게 해 볼 수 있습니다.

문장 완성하기와 문장 읽기로 독해력 키우기

ㄱ이 많이 들어간 글을 제시하여 간단하게 빈칸을 채워 문장을 완성하는 활동입니다. 이 경우에도 아이 혼자 문장을 완성하는 것보다 읽어 주고 앞의 내용을 이해하면서 빈칸의 낱말을 쓰도록 합니다. 이 활동은 소리와 글자를 익히는 데도 도움이 되고 성공감을 높일 수 있습니다.

빈칸 채워 문장 완성하기

보기 : 고양이, 거북이, 기차, 기린, 개구리

칙칙폭폭 (　　　　　　　)가 지나갑니다.
기다란 목을 가진 (　　　　　　　)이 보입니다.
개굴개굴 (　　　　　　　)도 보입니다.
야옹야옹 (　　　　　　　)가 달려옵니다.
엉금엉금 (　　　　　　　)가 기어갑니다.

빈칸을 채워 문장을 완성했다면 이 문장을 다양하게 읽어 봅니다. 따라 읽기, 나눠 읽기, 속도를 달리하며 따라 읽기, 혼자 읽기 등 여러 가지 방법으로 읽을 수 있습니다.

이렇게 읽다 보면 읽기 유창성도 생기고 글자 하나하나에만 집중하지 않고 문장을 훑어 읽으면서 내용도 파악하는 독해력도 생깁니다.

지희 쌤 문해력 톡톡

Q 한글을 읽고 쓰는 것이 더딘 아이, 어떻게 지도해야 할까요?

A 날마다 읽어 주고, 말과 글로 재미있게 놀 수 있는 환경을 만들어 주세요.

"한글도 몰라서 어떻게 할래?" 하며 공포감부터 심어 주어서는 절대 안 됩니다. 소리를 글자와 매칭할 줄 알아야 하므로 되도록 날마다 읽어 주도록 합니다. 책을 읽어 주고 소리 내어 따라 읽게 하면 좋습니다. 읽어 주고 나서 간단한 말놀이를 합니다. 몸으로 글자를 만들어도 보고, 글자를 맞히는 놀이도 하면서 한글과 친해지도록 합니다.

낱말 카드나 음절 카드로 놀이를 하며 배우게 합니다. 낱말 카드를 늘어놓고 방금 읽어 준 책과 관련 있는 낱말을 찾아보는 활동을 할 수 있습니다. 틀린 낱말 카드를 보여 주고 어디가 틀렸는지 찾게 하고 바르게 고치는 활동을 합니다. 또 음절 카드를 늘어놓고 부르는 음절 카드를 집게 합니다. 음절 카드로 낱말 만들기 놀이나 만든 낱말로 문장 말하기 놀이를 해도 됩니다. 색연필이나 연필을 바르게 쥐고 선 긋기를 합니다.

이것만은 꼭!

정확한 한글 습득의 5가지 기준

① 자소와 음소를 연결 짓고 소리를 듣고 구분할 수 있는가입니다.
② 자소를 변화시키면서 음절과 낱말을 마음대로 만들 수 있는가입니다.
③ 낱말을 읽고 낱말의 뜻을 아는 어휘력이 충분한가입니다.
④ 낱말과 문장을 자연스럽게 읽고 읽은 내용을 아는 유창성이 있는가입니다.
⑤ 문장이나 글을 읽고 사실적 이해를 할 수 있는가입니다.

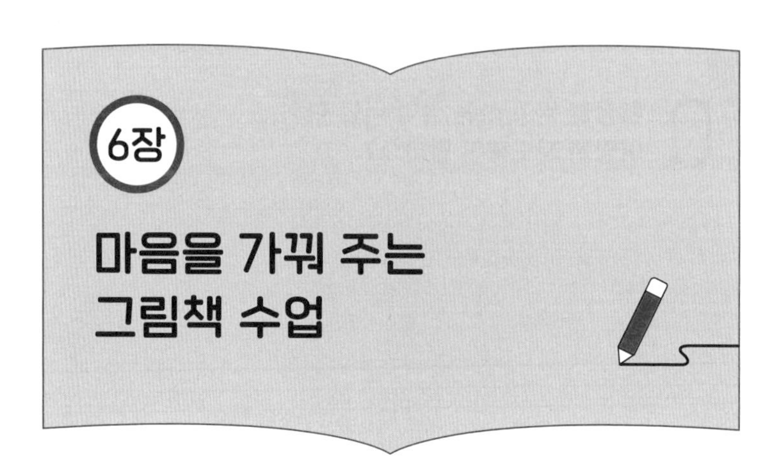

그림책 읽어 주기로 문해력 뿌리 만들기

그림책은 학급 운영이나 수업에서 많이 활용하는 텍스트입니다. 그림책을 그냥 읽어 주기만 해도 아이들의 문해력은 올라갑니다. 또한 책을 통한 정서 안정이나 읽어 주는 사람과의 연대감으로 생긴 효과는 이루 말할 수 없이 크지요.

저학년 학급을 운영할 때 꼭 지키는 것 중의 하나가 날마다 그림책 읽어 주기입니다. 일정한 시간을 정해 일정한 장소에서 편안하게 아이들에게 그림책을 읽어 줍니다. 저학년 아이들의 특성상 일정한 루틴이 있으면 안정감을 느끼기 때문에 그렇게 시간을 정해 읽어 줍니다.

저학년 아이들은 반복적이고 리듬 있는 패턴에서 안정감을 느낍니다. 아이들은 하나의 활동을 하고 다음 활동이 예측될 때 두려워하지 않습니다. 날마다 일정한 시간에 책을 읽어 주면 저학년 아이들에게 책 읽어 주기는 하나의 패턴으로 자리 잡아 아이들은 스스로 책을 만날 준비를 하게 됩니다.

책을 읽어 준 뒤에도 그냥 지나치지 않습니다. 알림장 첫 줄에 '선생님이 읽어 준 책'이라고 쓰게 한 뒤 집에 가서 말하게 하고, 부모님 글씨로 적어 오게 합니다. 이때 부모님 글씨가 중요합니다.

아이들에게 책 제목을 쓰게 하면 책 읽는 것에 부담을 느끼고 읽어 줄 때 그 책 제목을 베끼느라 정신이 없습니다. 책 제목이 생각나지 않으면 생각나는 것 한 가지라도 말하고 써 오게 합니다. 이는 가정에서 책 대화를 하게 하는 목적도 있으면서 가정에서도 읽어 주게 하기 위함입니다.

학교에서도 매일 책 읽어 주기를 하면서 동시에 가정에서 날마다 읽어 주도록 합니다. 이를 위해 학교는 가정과 학교에서 읽어 줄 책을 선정합니다. 학교와 가정에서 매일 읽어 주는 그림책을 선정할 때는 학생들의 언어 습득 수준을 고려해 학생 수준에 맞는 언어 자료를 제공하면 좋습니다. 특히 1, 2학년 초기 문해력 시기 아이들에게 읽어 줄 때는 아이들에게 흥미도 있지만 스스로 소리 내어 읽기에 좋은 책들을 선정하는 것이 좋습니다. 그림 자체가 이야기를 담고 있는 책, 문장이 짧지만 아름답고 정확한 책을 골라야 합니다. 또 그림의 묘사가 정밀하고 그림과 문장이 감각에 영향을 주는 책을 고르면 좋습니다.

또 보호자 교육을 통해 이 시기 아이들에게 일대일로 읽어 주는 것의 의미나 효과, 학급에서 운영할 방식에 대한 안내를 충분히 합니다. 보호자 교육이 끝나면 학급에서 아이들에게 일주일 동안 반복해서 읽어 줄 책을 나눠 줍니다. 가정에서는 일주일 동안 같은 책을 반복해서 읽어 주고, 학교로 가져오면 바꿔 줍니다.

부모의 언어로 책을 읽어 주는 것은 무엇과도 대체할 수 없는 문해력 뿌리 만들기 방법입니다.

아이에게 그림책을 읽어 주다 보면 자꾸 같은 책을 읽어 달라고 할 때가 있습니다. 그럴 때는 반복해서 읽어 주면 좋습니다. 한 번 읽어 줄 때 보이지 않던 그림이 보이고, 들리지 않던 어휘와 표현이 들려오기 때문입니다. 이미 내용은 알아서 몰입하기 쉬워 아이들은 반복해서 읽기나 듣기를 좋아합니다.

학교에서 담임 교사가 읽어 주는 책이 이미 집에서 읽은 책이랑 겹치기라도 하는 날이면 아이들은 재미없어하기보다는 이미 읽은 책이라 더욱 신나게 책 속으로 빠져듭니다.

책을 읽어도 무슨 말인지 모르는 아이들이 책을 스스로 찾아 읽을 리가 없으며 결국 책 읽기로부터 도망가게 됩니다. 책을 읽어 주면 아이들이 책에서 도망가기 전에 책 속 세상의 다채로움을 느끼게 해 줄 수 있습니다.

이렇듯 1, 2학년 시기에 소리 내어 읽어 주기는 아이들의 읽기 능력 향상에도 도움을 주지만 문자 세계가 얼마나 흥미로운지를 보여 주는 기회가 됩니다.

문해력 키우는 그림책 수업 방향

그림책이 수업으로 들어오면 그림책을 통한 학습 성취 기준 달성뿐 아니라 국어나 기타 학습 요소랑 결합하기 때문에 읽는 방식이 달라질 수 있습니다. 그래서 그림책으로 수업할 때 나름대로 원칙을 세웁니다.

첫째, 교사가 먼저 책을 읽습니다.

그림책을 충분히 이해한 다음에 수업 자료로 선택합니다. 교사가 수업을 준비하면서 그림책을 미리 읽을 때는 학습 성취 기준뿐만 아니라 그림이나 글, 주제에 대해 충분히 생각해 보고, 함께 읽을 책이나 사전 지식도 생각해야 합니다.

예를 들어, 그림책《훨훨 간다》로 수업을 하려고 한다면 흉내 내는 말이라는 성취 기준도 고려하지만, 길쌈이나 무명 한 필에 대한 사전 정보 찾기를 합니다. 왜냐하면 무명 한 필과 이야기 한 자리랑 바꿔 오라고 하는 할머니의 이야기에 대한 욕구를 이해하지 못하고 지나치기 쉽기 때문입니다. 그래서 교사가 미리 읽으면서 사전 지식을 충분히 갖고 있어야 하지요.

또 무심코 지나쳤는데 그림들이 힌트를 주는 경우가 많기 때문에 미리 충분히 그림과 문장을 숙지해야 합니다. 이는 그림책 수업을 준비하는 데 꼭 필요한 과정입니다.

둘째, 큰 화면과 자료를 준비합니다.

그림책을 읽는 동안 아이들이 그림책의 문장과 그림을 충분히 탐색할 수 있기 때문입니다. 그냥 그림책을 읽어 주는 것이라면 아이들이 그림이나 문장을 자세히 보기 힘든 상황이어도 괜찮습니다. 하지만 수업으로 들어오려면 그림책을 아이들 수만큼 준비할 수 있으면 가장 좋겠지만, 그럴 상황이 안 된다면 프리젠테이션 자료로 만들어 아이들이 문장이나 그림을 자세히 들여다볼 수 있는 환경을 만들어야 합니다. 작은 화면만 있었던 우리 교실에서는 이동식 빔프로젝터를 준비하고 칠판에 화이트보드를 크게 붙여 화면을 최대한 확대합니다. 요즘은 전자 칠판이나 대형 화면이 교실에 있는 경우가 많기 때문에 피피티 자료만 만들어도 아이들과 함께 그림책을 보며 수업을 할 수 있습니다.

셋째, 학년에 맞는 문해력 관련 활동을 결합합니다.

그림책 수업을 위한 빔프로젝트와 대형 화면

1, 2학년은 책에 대한 호기심과 흥미를 끌도록 하면서도 말놀이나 문장 읽기, 글자 고쳐 쓰기, 글쓰기 등을 결합해서 수업 계획을 짭니다.

3, 4학년은 독해력 향상을 위해 내용을 파악하게 하고 어휘 불리기, 줄거리 간추리기, 인물의 마음 읽기 등을 결합해서 계획을 세웁니다.

5, 6학년은 비판적 추론 능력을 키워 주기 위해 동시 등 다른 장르랑 결합하거나 인물 또는 주제 토론하기, 글쓰기 등을 수업 활동으로 계획을 짭니다.

일상적으로 그림책을 읽어 줄 때와는 다르게 그림책으로 수업을 할 경우에는 정확한 목적과 목표를 세워서 종합적으로 다가가야 합니다. 그림책 수업의 목적을 아이들의 정서 함양 또는 심미적인 것에 둘 수도 있지만 국어 교과의 성취 기준이나 사회 문제 등을 생각해 보는 세상 읽기에 둘 수도 있습니다. 수업으로 가져올 때는 그 수업의 방향이 뚜렷해야 한다고 생각합니다. 성취 기준을 목표로 수업을 하면 정서적인 부분이나 심미적인 요소들이 약화되기보다는 오히려 더 깊이 다가오기도 합니다. 그저 읽어 주기나 읽기보다는 수업으로 가져올 때는 훨씬 깊이 읽기가 되기 때문입니다.

넷째, 여러 작품을 읽어 줄 때는 순서를 잘 짜서 읽어 줍니다.

예를 들어, 2학년 아이들에게 봄을 주제로 그림책 수업을 계획할 때에는 《봄의 원피스》(이시이 무쓰미, 주니어김영사), 《벚꽃 팝콘》(백유연, 웅진주니어), 《프레드릭》(레오 리오니, 시공주니어)을 읽어 줍니다. 가장 먼저 봄이 오는 징후에 대해 이야기하는 《봄의 원피스》를 읽어 준 뒤 주변에서 봄이 오는 흔적을 찾고 문장으로 묘사하여 말하기를 합니다. 그런 다음 《벚꽃 팝콘》을 읽어 주고 봄이 완연한 교정에서 벚꽃 팝콘 날리기를 하면서 벚꽃 나무 꾸미기를 합니다. 마지막으로 《프레드릭》을 읽고 프레드릭처럼 봄날에 기억할 일들을 모아 보고, 기억할 이야기를 쓴 뒤 봄의 풍경을 그려 학급책 만들기를 합니다.

다섯째, 그림책이 주는 주제에 집중합니다.

그림책을 통해 오늘날 세상의 흐름과 문제의식을 따라가는 활동을 하거나 글쓰기랑 결합하여 관련 주제나 의미로 확장해 나가는 활동을 합니다.

《할머니의 용궁 여행》은 쌓여 가는 플라스틱으로 몸살을 앓고 있는 바다 쓰레기 문제를 다루고 있는 그림책입니다. 이 책의 주제에 깊이 다가가기 위해서 《할머니의 용궁 여행》과 《플라스틱 지구》(조지아 암슨 브래드쇼, 푸른숲주니어), 《플라스틱 섬》(이명애, 상출판사)을 묶어서 읽어 주었습니다. 그러자 아이들은 '할머니의 용궁 여행' 책 제목 디자인이 해양 쓰레기라는 것을 찾아냈을 뿐만 아니라 '할머니의 잠수복'에 표시된 재활용 표시를 찾아냈습니다.

주제를 더욱 뚜렷하게 부각하여 문제의식을 갖게 하려면 묶어 읽기가 좋습니다. 《괴물들이 사라졌다》(박우희, 책읽는곰)는 읽어 준 책 중에 최고로 인기 있는 책입니다. 이 책을 아이들한테 혼자 읽으라고 했거나 이 책 한 권만 읽어 주었다면 아이들은 괴물에만 호기심을 가졌을지도 모릅니다. 하지만 우리 인류도 사라질 수 있음을 경고한 《우리 곧 사라져요》(이예숙, 노란상상)와 《기후 위기 안내서》(안드레아 미놀리오, 원더박스) 몇 쪽을 발췌해서 같이 읽었습니다. 책 자체나 괴물에 대한 호기심으로 그쳤을 그림책을 묶어 읽음으로써 주제에 집중하는 수업이 되었습니다.

여섯째, 혼자서 읽으면 이해가 어렵거나 손이 가지 않을 책을 함께 읽습니다.

문해력은 학년과 나이에 따라 발전하는 종적 성장도 중요하지만 교과나 경험의 폭을 넓히는 수평적 성장도 중요합니다.

일반적인 그림책이 정서적이거나 심미적인 언어를 이해하는 문해력을 키운다면 과학 그림책은 인과 관계에 따른 분석적인 문해력을 기르는 데 도움을 줍니다. 역사책은 사실에 근거한 해석을 통해 사회를 바라보는 시각을 재구성하게 하지요. 글밥이 많아 아이들이 어려워하는 과학이나 역사도 그림책으로 먼저 접하게 해 주면 좋습니다. 아이들은 이런 책들을 혼자 읽어 내기 어려워 합니다. 그래서 이런 책들로 그림책 수업을 진행합니다. 과학이나 역사에 관심이 있지만 혼자 읽기가 엄두가 안 나는 아이들은 특히 이런 그림책을 읽어 줄 때 눈이 더욱 빛납니다.

일곱째, 프로젝트를 할 경우 충분한 시간을 갖고 합니다.

《시간이 흐르면》(이자벨 미뇨스 마르틴스, 그림책공작소)을 읽고 시간의 흐름에 대한 그림책을 만들기로 하고, 학급 그림책 만들기 프로젝트에 들어갔습니다. 먼저 그림책을 천천히 깊게 읽으며 시간의 흐름을 느꼈던 경험을 작은 헥사보드 자석에 쓰게 했습니다. 쓴 것을 앞 칠판에 붙이고 각자 자신이 쓴 것을 설명하도록 했지요. 또 자신이 쓴 시간의 흐름을 어떻게 시각화해 볼 수 있을지 구상하는 시간을 가졌습니다. 이때 시각화가 조금 어려운 경우에는 고치기도 했습니다. 일주일 정도 시간을 주고 시각화할 자료나 이미지를 구체화해 오기로 하고 표현 도구들도 챙겨 오게 했습니다. 아이들은 비즈, 털실, 솜을 비롯해 매직이나 마카펜 같은 다양한 재료를 챙겨 왔습니다.

도화지 방향을 모두 일정하게 한 뒤 시간의 흐름을 표현하게 하고 학급책으로 만들었습니다. 아이들은 두고두고 이 책을 보고 또 보았지요. 충분히 읽고 생각하고 구상하는 시간을 가진 표현들이라 서로의 작품을 읽을 때도 많은 생각을 하게 만듭니다.

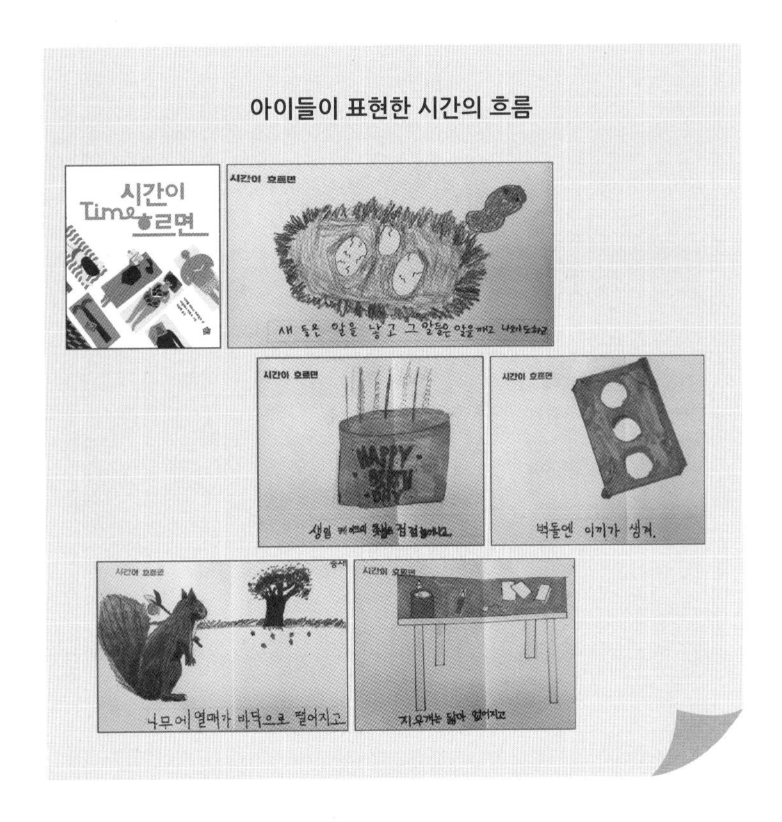

아이들이 표현한 시간의 흐름

그림책으로 글자 익히기와 어휘 불리기

1학년은 글자 익히기가 기본이기 때문에 반드시 글자 익히기 활동을 그림책 수업에 결합합니다. 그림책《개구쟁이 ㄱㄴㄷ》(이억배, 사계절)으로 글자 익히기 활동을 해 보았지요. 해당 자음이 들어간 글자를 색을 달리하거나 그림 속에 숨겨진 해당 자음이 들어간 글자를 찾게 하는 활동을 했습니다. 이 같은 활동은 음소와 자소를 연결하게 하고, 생활말을 문자로 연결하게 하여 글자를 익히는 데 매우 효과가 있습니다.

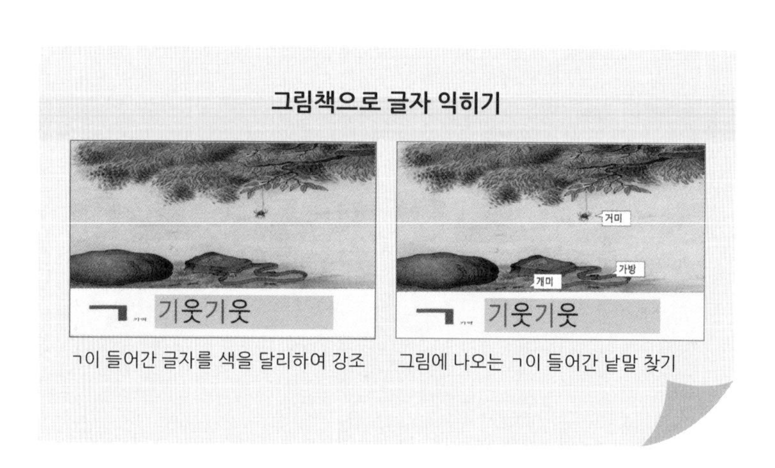

그림책으로 글자 익히기

ㄱ이 들어간 글자를 색을 달리하여 강조 / 그림에 나오는 ㄱ이 들어간 낱말 찾기

또 아이들에게 배운 글자나 어휘를 써서 문장 표현을 하게 했습니다. 초기에는 흐린 글자를 따라 쓰게 한 뒤, 따라 쓰다가 간단하게라도 자신의 문장을 완성하도록 했습니다.

배운 글자 어휘 활용하여 문장 쓰기

2023 년 3 월 일
제 목 : 난 난 난
난 친구도 많아요.
난 신나게 놀아요.
난 아주 크게 웃어
요. 그리고 진짜
진짜 자랑스런 것은
예요.

2023 년 3 월 23 일
제 목 : 난 난 난
난 친구도 많아요.
난 신나게 놀아요.
난 아주 크게 웃어
요. 그리고 진짜
진짜 자랑스런 것은
착한 우리엄마 예요.

2, 3학년은 틀리기 쉬운 글자 고치는 활동을 합니다. 그림책 속에 나온 낱말 중에 틀리기 쉬운 낱말을 틀린 상태로 문제를 내고 아이들이 고쳐서 쓰게 합니다. 이 경우에는 가볍게 쓰고 지울 수 있는 헥사보드를 이용합니다.

틀린 글자 바르게 고쳐 쓰기

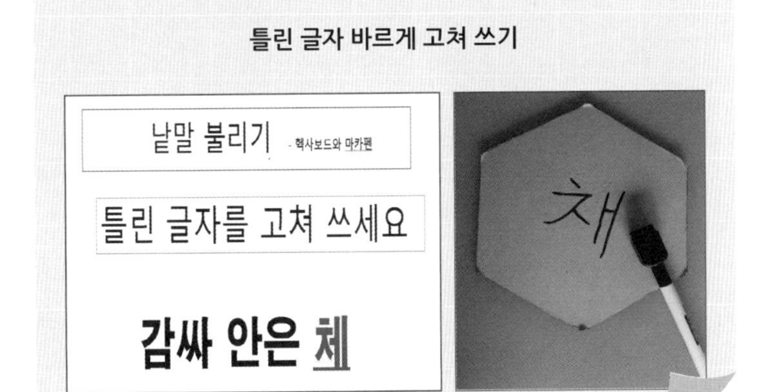

낱말 불리기
- 헥사보드와 마카펜
틀린 글자를 고쳐 쓰세요
감싸 안은 체
채

소리 내어 읽기로 유창성 키우기

1, 2학년 아이들의 스스로 소리 내어 읽기는 읽기 유창성을 키우는 데 매우 중요합니다. 읽기 유창성이란 글을 정확하고 빠르게 감정을 실어 읽을 수 있는 능력을 말합니다. 능숙한 단어를 포함하여 구나 문장 이상의 단위를 읽는 것을 말하지요.

유창성이 부족한 아이들은 글자를 한 글자 한 글자 읽어야 해서 낱말이나 구, 문장, 글의 의미를 이해하지 못합니다. 읽기 유창성이 능숙하면 읽고 이해하는 정확성과 소리 내어 읽으면서 의미를 자동으로 파악하는 자동성, 그리고 글의 맥락과 분위기를 파악하여 그 맥락에 맞게 억양, 속도, 호흡을 조절하는 표현성이 늘어납니다.

그래서 유창성을 지닌 독자들은 의식적인 노력을 거의 들이지 않고 정확하고 빠르게 적절히 억양을 조절하며 감정을 실어 글을 읽습니다. 읽기 유창성이 부족하면 긴 글을 읽기 힘들 뿐만 아니라 읽기 행위 자체를 피하게 됩니다.

> 읽기 유창성을 키우기 위해서는 소리 내어 읽기가 가장 중요합니다.

같은 텍스트를 반복하여 읽으면 아이들은 내용을 이해하기 때문에 읽을 때 글자나 구, 문장을 유창하게 읽습니다. 아이들이 스스로 효능감을 느끼면서 읽기 활동에 호감을 보입니다.

1학년 아이들과 《진정한 일곱 살》(허은미, 만만한책방)로 유창한 읽기 연습을 했습니다. 그림책을 피피티로 수업 자료를 만들었지요. 교사가 읽어 주는 동안 아이들이 그림이나 글자를 잘 볼 수 있도록 글자가 크게 보이게 만들었습니다.

읽어 줄 때는 그림도 찬찬히 살피게 하고 일곱 살에 할 수 있는 것에 대해 이야기도 나누면서 천천히 읽어 주었습니다. 읽어 주고 나서 한 화면의 문장을 교사와 아이들이 나눠 읽기도 하고 익숙해지면 문장에 번호를 붙여서 해당 번호의 아이들이 읽게 했습니다. 1번 아이가 "이 세상에는 하늘의 별만큼 들의 꽃만큼 수많은 일곱 살이 있어요." 하고 읽으면 2번 아이가 "하지만 진정한 일곱 살은 그렇게 많지 않아요." 하고 읽었지요. 책 속 문장을 학급 아이들 전체가 두 번 정도 읽을 수 있게 문장을 나누어 번호를 붙여서 읽었습니다.

《진정한 일곱 살》로 한 유창한 읽기 연습

해당 번호의 아이가 문장 읽기

진정한 1학년에 대해 그리고 문장 쓰고 낭독하기

이렇게《진정한 일곱 살》을 소리 높여 낭독하고 자신들의 일곱 살에 대해 이야기하다 진정한 1학년으로 주제를 바꿔 이야기를 나눴습니다. “학교에 가야 해요.”, “글자를 읽을 수 있어야 해요.”, “수를 배워요.”, “울지 않고 학교에 가요.”, “혼자 집을 볼 수 있어요.” 같은 이야기가 나왔습니다.

자신들이 말로 표현한 것을 그림과 글로 표현하게 해서, 그 자료를 스캔한 뒤 프리젠테이션 자료로 만들어 그림책과 함께 낭독하게 했습니다. 이렇게 다양하게 낭독하는 기회를 가지면 아이들의 유창성은 자랍니다.

이런 소리 내어 읽기 활동에 음악이나 기타 다른 요소를 더하면 낭독극이 완성됩니다. 아이들이 낭독했던 그림책 중에 아주 재미있게 놀이처럼 했던 그림책이 우리 옛이야기를 그림책으로 엮은《박박 바가지》(서정오, 보리)입니다.

《박박 바가지》로 한 낭독극

개, 고양이, 소, 코끼리, 바가지를 흉내 내는 말과 도둑의 대사를 합창하듯 낭독극을 했는데 낭독이 끝난 후에도 아이들은 한동안 '박박 바가지', '코코 끼리끼리'를 노래하듯이 부르고 다녔답니다.

저학년, 그림책 읽기와 글쓰기

저학년 시기는 글말로 전환하는 시기입니다. 말로 했던 활동을 글로 표현하게 하는 것은 매우 중요합니다.

1학년 국어 교육 과정에는 기분을 나타내는 말을 사용하여 자신의 기분을 자신 있게 말해 보기라는 학습 과제가 나옵니다.

온작품으로 《기분을 말해 봐!》(앤서니 브라운, 웅진주니어)를 읽고 기분과 관련된 활동을 하기로 계획을 세웠습니다.

이 책은 침팬지에게 '기분이 어때?'라는 질문으로 시작합니다. 침팬지는 여러 가지 상황에서 느끼는 지루함, 행복, 슬픔, 외로움, 화, 죄책감, 자신만만함, 부끄러움 등을 이야기하지요. 그리고 마지막에는 책을 읽는 독자에게 '넌 어때?'라고 묻습니다.

읽어 주면서 이야기를 나누는데 행복감이나 지루함은 이미 충분히 느꼈을 거라 생각하고, 쓸쓸함과 외로움을 느낀 적이 있냐고 아이들에게 물었습니다. 아이들은 손을 번쩍 들며 서로 앞다퉈 자신들의 쓸쓸했던 기억들을 이야기하기 시작했습니다.

은조는 자신이 어렸을 때는 엄마가 집에 있지 않아서 돌봐 주는 아주머니랑만 지냈는데, 동생이 태어나니까 엄마가 집에서 동생이랑 있는 것에 배신감을 느꼈다고 했습니다. 은조가 어릴 때 엄마는 일을 그만두지 않았는데, 동생이 태어나니 집에 있으면서 동생만 봐서 서운함을 느꼈다는 것입니다. 게다가 은조가 집에 가자마자 학교에서 있었던 이야기를 하며 엄마랑 수다 떨고 싶었는데도, 엄마는 자꾸 동생만 쳐다보고 자신의 말을 잘 듣지도 않고 "응, 응"이라고 건성으로 답할 때 쓸쓸함을 느낀다고 했지요.

아이들은 저마다의 쓸쓸함에 대해 이야기했습니다.

그림책은 그림을 읽는 것도 중요합니다. 그림에서도 침팬지 표정에 주목하기 위해 침팬지의 감정이 드러난 그림을 캡처해서 학습지로 나누어 주었습니다. 침팬지의 표정을 보며 어떤 감정인지 읽어 보게 했지요. 자신의 감정을 읽는 것도 중요하지만 다른 사람의 감정을 표정을 통해 읽는 것도 매우 중요하기 때문입니다.

침팬지 표정 읽기 자료

표정 학습지 자료로 자신의 감정을 드러내는 나만의 작은 책을 만들었습니다. 한 쪽에 침팬지의 표정이 드러난 그림을 붙이고 이런 감정이 들 때의 일을 쓰게 했습니다.

아이들은 같은 그림을 가지고도 다양하게 표정을 읽었고, 그 감정에 대한 경험이 모두 달랐습니다. 그러면서 자신은 언제 그런 감정을 느끼는지 또 친구들은 언제 그런 감정을 느끼는지 이해하고 공감했지요. 그림마다 다 다른 감정 이름표를 붙이고, 그 감정을 느꼈던 상황을 글로 표현한 아이들은 잠깐 공감하고 넘어갔을 때보다 훨씬 깊게 자신의 감정을 들여다보고 그 감정에 이름을 붙일 줄 아는 아이로 자랄 것입니다. 글쓰기는 자기 안으로 깊게 들어가는 경험을 하게 합니다.

그림책으로 배우는 언어 예절

책 읽기의 가장 중요한 것은 몰입에서 오는 자기 대입과 성찰이라고 할 수 있습니다. 책을 읽으면서 '나라면 저 상황에서 어땠을까?' 하며 자기 자신에게 던지는 질문은 자기 성찰과 성장으로 이어집니다.

《괜찮아》(최숙희, 웅진주니어)를 읽어 주고, 자기 대입 활동을 해 보았습니다. 《괜찮아》에 나오는 아이가 보기에 동물들은 참 이상합니다. 개미는 너무 작고, 고슴도치는 따끔거리고, 뱀은 다리가 없지요. 아이는 동물들을 놀리지만 모두 아랑곳하지 않고 "괜찮아!"라고 대답합니다. 개미는 작지만 힘이 세고, 고슴도치는 가시 덕분에 사자가 와도 두렵지 않지요. 또 뱀은 다리 없이도 어디든 기어갈 수 있습니다. 놀림 받았던 동물들은 아이에게 "그럼 너는?"이라고 반문합니다. 아이는 자신만이 할 수 있는 것을 생각해 냅니다.

책을 읽어 주기 전에 '괜찮아'라는 말을 들었던 경험을 이야기해 보라고 했지요. 아이들은 다쳤을 때나 실수했을 때 어른들에게 들었던 이야기를 주로 했습니다. 어떤 아이는 자신이 들었던 기분 나쁜 '괜찮아'를 말하기도 했습니다.

네 살짜리 동생을 둔 연아는 집에서 그림을 그리는데 동생이 기어코 끼어들어서 자기 그림을 망쳐 엄마에게 말했더니 엄마가 '괜찮아'라고 말했을 때 엄청 속상해서 울었다고 했습니다. '괜찮아?'라고 묻는 말이나 스스로 '괜찮아'라고 하는 말과 연아의 엄마가 '괜찮아'라고 한 말은 다릅니다. 다른 사람이 아프거나 속상하다고 느끼는 일에 자신만의 기준으로 쉽게 '괜찮아'라고 판단 내리는 것에 대한 아이들 나름의 반론이었습니다. '괜찮다'는 말을 좋은 말로만 알고 있었지만 함부로 다른 사람의 감정에 공감 없이 마음대로 판단해서 '괜찮다'고 말하는 것은 또 다른 언어 폭력임을 느끼는 시간이었습니다.

그림책을 다 읽고 나서 자기 자신의 괜찮은 점을 말해 보자고 했습니다. 대개의 아이들이 자신이 잘하는 점을 이야기한 반면 엄마와 늘 등교를 같이 하던 혜수는 "언제나 나랑 이야기를 많이 하는 엄마가 있어서 나는 괜찮아."라고 했지요. 언니가 두 명이나 있어서 평소에 치이는 이야기를 많이 했던 도현이는 "난 친구가 많지 않아도 괜찮아. 언니들이 친구가 되어줄 거니까."라면서 언니들을 공주처럼 그려서 발표했습니다.

그림책《괜찮아》수업은 남에게 내보일 수 있는 장점은 아니어도 진정한 자신의 내적 힘이 되는 것들을 찾아보는 기회가 되었습니다. 또 나의 기준으로 '괜찮아'라고 말하는 것의 무례함도 생각해 보았습니다.

그림책《뭐 어때!》(사토신, 길벗어린이)는 말이 갖는 뉘앙스를 생각해 보게 하는 책입니다. 저학년들이 공감할 만한 책이지요. 이 책은 주인공 적당 씨의 출근길 이야기입니다. 늦게 일어나 지각인데 서두르지 않고 아침 식사를 하고 버스를 잘못 타서 바닷가에 가고, 또 거기서 수영을 즐기다 속옷 차림으로 저녁에서야 회사에 오는데 일요일이었다는 이야기입니다. 지각하고 가방과 옷을 잃어버리는 등 곤란한 상황에서 여유를 갖고 '뭐 어때!' 하며 긍정적인 적당 씨의 표정과 몸짓을 나타낸 그림이 독자에게 호탕함을 선물하는 책입니다.

이 책을 읽어 주면 아이들은 '뭐 어때!'를 합창하며 즐거워합니다. 팬티만 입고 당당하게 걷는 적당 씨가 나올 때는 "으악, 변태다!" 하면서도 깔깔거리고 '뭐 어때!' 외치는 것을 잊지 않지요.

한참 읽어 주고 나서 자신들이 겪은 '뭐 어때!' 하며 넘길 만한 일들을 말해 보기로 했습니다. 누군가 말하면 전체가 '뭐 어때!'라고 외치며 말꼬리 따기 놀이를 하고 있는데 평소 말이 별로 없는 슬기가 자기는 하기 싫다고 했습니다. 그러면서 "OO가 자기 물건을 말하지 않고 가져다 쓰면서 '뭐 어때!'라고 해서 기분이 나쁜

다.”고 했지요. 그렇습니다. ‘뭐 어때!’는 본인의 상황에서만 할 수 있는 말입니다. 사람마다 불쾌함이나 슬픔 등의 감정을 느끼는 기준이 다른데 섣불리 상대의 감정을 아랑곳하지 않고 ‘뭐 어때!’라는 말로 들이대면 안 됩니다.

자신의 작은 실수에도 발을 동동 구르거나 남과 비교하기가 일상화된 아이들에게 ‘뭐 어때!’라는 자기 위로와 툭툭 털어 내기는 필요합니다.

그래서 저학년을 만날 때면 늘 《괜찮아》와 《뭐 어때!》를 읽어 주고 스스로에게 ‘괜찮다’고 위로의 말을 건네거나 ‘뭐 어때!’라고 외치며 털어 낼 기회를 줍니다. 그러면서도 ‘괜찮아’, ‘뭐 어때!’도 잘못 쓰면 상처를 줄 수 있는 말임을 이야기하고 잘 쓰기로 다짐해 보았습니다.

저학년, 이야기 속 상황 상상하기

상상은 글을 읽으면서 글의 내용이나 분위기를 머릿속에 떠올릴 수 있도록 함으로써 내용을 생생하게 느끼고 이해하게 합니다. 이런 상상하기는 우리가 글을 읽는 목적이기도 하지요.

《이야기 주머니 이야기》(이억배, 보림)를 읽어 주었습니다. 이 책은 이야기를 좋아하는 도령이 이야기를 주머니 속에 넣어 놓기만 하고 풀어놓질 않는 데서 시작합니다. 이야기들이 귀신이 되어 덫을 설치해 도령을 죽이려고 했으나, 이를 미리 안 머슴이 도령을 덫에 빠지지 않게 하고 이야기들을 세상에 풀려나게 한다는 내용입니다.

서사 구조가 확실하고 긴장감도 있어서 아이들은 이 이야기에 무척 흥미를 보입니다. 아이들에게 이야기를 읽어 주며 주머니 속으로 이야기가 들어간 까닭과 이야기들이 도령을 죽이려고 썼던 방법에 대해 이야기를 나누면서 맥락을 파악해 보았습니다. 그러고 나서 이야기들이 풀려나기 전 주머니 속에 들어 있을 법한 이야기들과 이야기들의 마음을 상상하여 이야기 주머니 속을 표현해 보기로 했지요. 팝업북으로 입술북도 만들고 빈 주머니 그림에 주머니 속에 들어 있을 법한 이야기 제목 쓰기를 해 보았습니다.

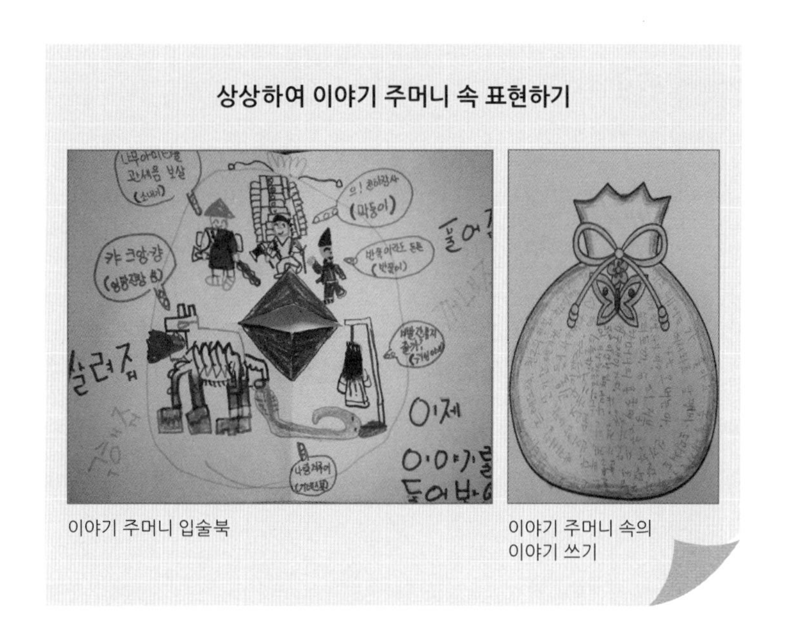

상상하여 이야기 주머니 속 표현하기

이야기 주머니 입술북

이야기 주머니 속의 이야기 쓰기

중학년, 줄거리 주사위 만들기

줄거리 간추리기는 이야기의 주요 맥락을 파악하는 활동으로 독해력을 키우는 기본적인 활동입니다. 줄거리 간추리기가 잘 되지 않으면 사실 다음 단계의 분석이나 비평 활동은 불가능합니다.

그런데 기존의 줄거리 간추리기 활동이 너무 정형화되어 있어 아이들이 어려워합니다. 저학년에서도 이야기의 흐름을 순서대로 해 보는 활동은 매우 필요하지요. 간단하게 사건을 일으킨 인물을 순서대로 쓰는 방식으로 해 봐도 좋습니다.

《박박 바가지》를 읽을 경우에는 도둑이 흉내 낸 동물과 사물을 순서대로 말하거나 쓰게 하면 됩니다. 《큰 일 났다》(김기정, 다림)를 읽어 주고 호랑이 등이 밟히게 되는 과정을 사건의 흐름대로 말해 보거나 사건을 일으킨 동물을 써 보게 하면서 줄거리 간추리기가 어렵지 않다는 것을 경험하게 하면 좋습니다.

줄거리 간추리기를 좀 더 흥미롭게 정리해 볼 수도 있습니다. 주사위 만들기, 만화로 표현하기, 뉴스로 만들기, 한 문장씩 이어 말하기, 핵심 사건 채우기도 줄거리 간추리기를 재미있게 할 수 있는 활동입니다.

주사위 만들기는 주사위 여섯 면에 중심 내용을 순서대로 요약해서 씁니다. 안쪽에 실을 고정시키고 조립하면 줄거리 주사위 모빌이 됩니다. 줄거리 간추리기를 할 때에는 서사가 분명한 옛이야기나 그림책이 좋습니다.

중학년, 그림책 주제에 반응하기

이야기 속의 주제나 줄거리를 나의 경험과 관련하여 생각하고 이야기 상황으로 들어가 자신의 내면을 들여다보는 활동을 할 수 있습니다.

《부엉이와 보름달》(제인 욜런, 시공주니어)은 이 같은 활동을 하기에 좋은 책입니다. 이 책은 미국 북서부 지역에서 이루어지는 8세의 통과 의례에 관한 이야기입니다. 여덟 살이 되면 겨울밤 부엉이를 보러 가는 것으로 시작하지요. 겨울밤 부엉이를 보기 위해서는 밤이라는 두려움과 숲이라는 두려움을 극복해야 하고 추위를 혼자서 견디며 나아갈 수 있어야 합니다. 또한 부엉이를 보기 위해서 절대적으로 필요한 것이 침묵이지요. 그리고 부엉이가 쉽게 나타나지 않거나 못 만나도 실망하지 않아야 합니다.

이런 것을 해낼 수 있을 만큼 성장했다고 믿을 때 아빠는 아이를 데리고 부엉이 구경에 나섭니다. 아빠는 아이 옆에서 손을 잡거나 달래거나 돕지도 않지요. 그렇지만 기대에 찬 걸음을 걷습니다. 부엉이가 안 나타나면 어쩌나 하는 초조함도 보이지 않고요. 아빠는 부엉이를 만나는 데 필요한 덕목을 직접 행동으로 보여 줌으로써 아이에게 가르쳐 줍니다. 어렵게 만난 부엉이를 보고 침묵으로 대화하며 부엉이 날개에 소원을 실어 보내며 끝을 맺습니다.

《부엉이와 보름달》을 읽어 주면서 부엉이와 올빼미의 차이점을 비교해 보고, 부엉이를 보기 위해 주인공이 견뎌야 했던 추위, 두려움, 조급함, 포기하고 싶은 마음 등을 찾아보았습니다. 또 내가 부엉이를 만난다면 '부엉' 소리에 어떤 이야기를 담을지 생각해 보는 주제 활동을 이어 갔습니다.

부엉이 모양의 학습지를 만들고, 아이들은 부엉이 날개에 실어 보낼 소원을 다양하게 써 냈습니다. 칠판에 미리 만들어 놓은 나무에 소원을 쓴 부엉이 날개를 붙이면서 수업을 마무리했지요. 아이들은 저마다 가장 간절한 소망을 써 냈습니다.

엄마랑 살지 못하는 지현이는 '엄마랑 같이 살고 싶다.'고 했고, 학원을 많이 다니는 서준이는 '학원을 두 개만 다니게 해달라.'고 썼습니다. 아이들은 부엉이를 만나러 가는 과정이 쉽지 않음을 책을 읽는 과정에서 체험했기에 소망을 쓸 때도 진지하게 몰입하면서 써 냈습니다.

고학년, 그림책 주제에 반응하기

고학년과 그림책으로 수업을 할 때는 주로 주제에 대해 글을 쓰거나 토론 활동을 합니다.

《노를 든 신부》(오소리, 이야기꽃)는 저학년이나 중학년이면 '뭐지?' 하는 그림책일 수 있습니다. 이 책은 외딴 섬에 살던 소녀가 친구들이 신부, 신랑이 되어 섬을 떠난 것처럼 자신도 신부가 되어야겠다고 하면서 이야기는 시작합니다. 소녀의 부모님은 드레스와 노 한 짝을 주며 이제 신부가 되었다고 말하지요. 신부는 자신이 탈 배를 찾아 나서지만 노 하나밖에 갖지 못한 신부는 배를 타지 않기로 하고 숲으로 갑니다. 소녀는 노는 배를 젓는 데만 사용하지 않아도 된다는 사실을 깨닫게 됩니다. 노 한 짝으로 과일을 따고, 요리를 하고, 커다란 곰과 격투도 벌입니다. 그리고 마을로 내려가 사람들과 야구를 하지요. 자신감이 붙은 노는 방망이가 되어, 타악! 끝도 없이 날아가는 홈런을 치고 맙니다. 소녀가 야구를 잘한다는 소문을 들은 감독이 신부를 스카우트하면서 신부는 또 새로운 모험을 하게 되는 이야기입니다.

그림이 상징하는 것들이 크기 때문에 아이들과 함께 그림의 모든 장면 하나하나를 보며 이야기를 나누었습니다. 아이들은 그림을 함께 보고 이야기를 나눈 것만으로도 매우 흥미로워했습니다. 한 짝의 노가 어떻게 변해 가고 소녀의 인생을 변화시키는가를 이야기하면서 자신에게 주어진 노, 다시 말해 가능성, 재능이 무엇인지 이야기를 이어 갔습니다. 아직 노가 무엇인지 모른다는 아이부터 자신에게는 '무슨 이야기든 나눌 수 있는 엄마'가 자기 인생의 노라고 이야기하는 친구까지 다양했지요.

그러면서 아이들은 사실 자신의 노에 대해 대단한 무엇인가를 갖고 있어야 한다고 생각하지만 노를 든 소녀처럼 한 짝밖에 없는 노처럼 완벽하지는 않아도 그것을 어떻게 활용하며 살아갈 것인지에 대해 진지하게 생각하는 기회가 되었습니다.

고학년, 그림책으로 세상 읽기·삶 읽기

고학년 아이들에게는 역사 또는 시사적인 이야기, 일상적인 삶과 관련된 그림책도 혼자 읽기보다는 읽어 주면 좋습니다. 읽고 나서 역사 및 시사에 대한 이야기나 자신의 삶을 돌아보는 방향으로 수업을 이끕니다. 자신들의 이야기를 끌어내는 방식으로 합니다.

4·3이 다가오면 《나무도장》(권윤덕, 평화를품은책)이나 《무명천 할머니》(정란희, 위즈덤하우스)를 읽습니다. 제주의 아픔, 해방 이후 아픈 역사의 풍랑 속에서 평범하게 살아가는 사람들의 삶이 얼마나 무너졌는지를 함께 느끼고 이야기를 나눕니다. 또 최근에 다른 나라에서 일어난 전쟁을 보면서 《적》(다비드 칼리, 문학동네)을 읽고 이야기를 나누었지요. 6·25가 다가올 때 읽기도 합니다.

《적》은 전쟁에 참여한 일반 병사들의 이야기를 담아낸 책입니다. 아이들한테는 책을 함께 읽고 이야기를 나누는 것만으로도 자신을 포함한 세상을 읽을 기회가 생깁니다.

5학년 아이들과 나누었던 그림책 중 가장 이야기가 풍성했던 책은 《울지 마, 동물들아!》(오은정, 토토북)였습니다. 이 그림책은 사람이 동물들에게 알게 모르게 자행한 폭력 열 가지를 들고 사과하는 이야기입니다.

요즘 아이들이 반려동물에 대한 관심이 많아서인지 이 책에 대한 반응이 무척 컸습니다. 아이들에게 자신이 미안하게 생각한 동물에게 사과 편지를 쓰게 하고, 그 편지를 함께 읽으며 공유하는 시간을 가졌습니다. 아이들은 모두 자신들이 알게 모르게 동물들에게 미안한 행동을 많이 했다는 사실에 공감했습니다.

화장을 좋아하는 미우는 화장품을 위해 동물들, 특히 자신이 애지중지 키우는 토끼들이 실험실에서 죽어 간다는 사실을 알고 놀랐다고 했습니다. 누구보다 동물원에 가는 것을 좋아했던 시우는 동물원이 동물에게 얼마나 안 좋은 곳인지 몰랐다는 이야기를 했지요. 도하는 펫숍에서 사 온 고양이가 얼마 못 가 시들시들하다 죽은 모습을 떠올리며 반려동물을 사지 말고 입양하자는 말의 뜻을 그제야 이해했다며 사과 편지를 썼습니다.

5, 6학년 아이들과의 그림책 수업은 사회 문제나 자연환경 생태계 문제, 관계 문제 등에 대해서 함께 생각해 보고 성찰할 기회로 만드는 데 역점을 둡니다. 또 되도록 자신의 이야기를 글로 써서 토론할 수 있도록 합니다.

같은 그림책으로 다른 이야기를 하다

고학년을 담임할 때면 《줄무늬가 생겼어요》(데이비드 섀논, 비룡소)로 자존감이나 자기 욕구 표현에 대한 수업을 하곤 합니다. 이 책은 주인공 카밀라가 아침에 학교를 가기 위해 옷을 갈아입다가 자신의 몸에 온통 줄무늬가 생긴 것을 발견하는 것으로 시작하지요. 이 줄무늬병은 줄무늬뿐만 아니라 주위 사람들의 말에 반응하면서 온갖 무늬로 변하고 나중에는 알약으로, 박테리아로, 가구로도 변합니다. 이 병을 고치기 위해 많은 사람이 찾아와 온갖 처방을 하지만 카밀라의 병은 심해지는데 카밀라가 걸린 병의 치료약은 아주 간단했습니다. 자신의 욕구를 인정하고 먹고 싶은 아욱콩을 먹으면서 병이 나았던 것입니다.

이 이야기 속 카밀라가 앓았던 줄무늬병은 다른 사람의 시선을 지나치게 의식하면서 자신의 욕구를 부정하는 것에서 생긴 병입니다. 다른 사람의 시선을 의식하는 것은 사회성의 발달이라고 볼 수 있지요. 하지만 어느 순간 다른 사람의 시선을 지나치게 의식해서 보이는 것에 너무 집착하는 아이들이 보였습니다. 그래서 이 문제를 꼭 다뤄 보고 싶었지요. 이 그림책을 읽고 스스로 타인 시선 의식도를 점검하는 활동과 글쓰기를 결합합니다.

이 책으로 처음 고학년 아이들과 수업을 했을 때만 해도 시선을 지나치게 의식하는 친구가 많아 자기 욕구를 인정하도록 하는 데 중점을 두었습니다. 하지만 요즘은 다른 사람의 시선을 의식하지 않는 아이들이 너무 많아 수업도 다른 방향으로 진행합니다. 다른 사람의 시선을 의식하지 않는 것이 좋은 걸까, 의식하는 것은 무조건 나쁜 것인가에 대해 자유롭게 이야기를 나누다가 '시선 의식은 어느 정도가 적당한가?'로 주제를 옮겨 갔지요. 0부터 10까지 표시된 표에 자신의 이름표를 붙이고 자신은 왜 그 정도가 좋은지 이유를 말하는 자유 토론을 진행했습니다.

다른 사람의 시선 의식 점검 활동

시선을 의식하지 않는다									시선을 의식한다
0 1	2	3	4	5	6	7	8	9	10
박oo	이oo 조oo	서oo		김oo 박oo 조oo 한oo 편oo	김oo 강oo 최oo	서oo	김oo 서oo 이oo		

이름 붙이기가 마무리되면 아이들의 경향을 파악했습니다. 시선을 의식하지 않는다고 한 아이들과 시선을 의식한다고 표현한 아이들의 의견을 먼저 듣고 가운데쯤에 붙인 아이들의 이야기를 들었습니다.

남의 시선을 신경 쓰지 않는 아이들은 독선적이고 자기 욕구만 중요시할 수도 있다는 것을 스스로 이야기하기도 했습니다. 또 남의 시선을 지나치게 의식하면 자신의 욕구가 너무 억제되어 언젠가는 폭발해 버릴 수도 있고 카밀라처럼 마음의 병을 얻을 수도 있다고도 했지요.

아이들의 욕구 충족을 중심에 두어야 하는지, 나의 욕구도 다른 사람과의 관계 속에서 적절하게 조절해야 하는지에 대해 이야기를 나누면서 아이들이 예로 많이 든 것이 급식이었습니다. 고기 반찬 같은 좋아하는 반찬이 나왔을 경우 다른 사람을 생각해서 적당히 담겠다는 아이는 거의 없고 먹고 싶은 만큼 푸고 급식실에서 더 받아와야 한다고 생각하는 아이들이 많았습니다. 무한정으로 제공되는 것이 아닌데도 말입니다. 제한될 수밖에 없는 것들에 대한 고려가 거의 느껴지지 않았지요. 같은 그림책으로 다른 이야기를 해야 하는 이유가 분명했던 시간이었습니다.

고학년, 그림책으로 사회를 보다

교육 과정에 나와 있는 토론이나 연설 주제는 아이들이 자신의 생각을 펼치기에 어려운 주제가 많습니다. 특히 정치 문제나 사회 현상 문제 등은 교사의 일방적 설명이 많아 아이들 스스로 토론에 참여하기 어려운데, 그림책으로 상황을 객관화하면 토론이 아이들답게 나오면서도 지금의 사회 문제를 읽을 수 있는 안목이 생깁니다.

그림책 《어쩌다 여왕님》(다비드 칼리, 책읽는곰)과 《늑대의 선거》(다비드 칼리, 다림)로 정치와 선거에 대한 이야기를 해 보기로 했습니다. 《어쩌다 여왕님》은 어느 연못에 개구리들이 평화롭고 행복하게 살고 있는데 연못에 작고 반짝이는 왕관이 떨어지는 이야기로 시작합니다. 왕관을 가진 자가 왕이 된다는 연못의 규칙에 따라 왕관을 주운 개구리가 어쩌다 여왕이 되지요. 여왕이 탄생하자 각자 평화롭게 살던 개구리들은 여왕과 신하들에게 파리를 잡아다 바쳐야 하고, 왕을 위한 억지 시합을 하는 등 연못은 불행한 곳으로 바뀌고 맙니다. 그러다 어쩌다 여왕이 되었듯이 어쩌다 왕관을 잃고 왕위를 내려놓게 되자 연못은 다시 평화로워졌다는 이야기로 끝을 맺습니다.

이 그림책을 읽어 주고 가장 문제의 인물이 누구인지 투표하게 했습니다. 왕, 신하, 일반 백성, 이 세 가지 선택지에서 각자 선택을 하고 선택의 이유를 발표하게 했습니다. 아이들은 자신의 생각을 다양하게 펼쳤지요.

아이들은 '왕관만 쓰면 왕이 된다.'는 연못의 규칙을 가장 많이 이야기했습니다. 또 규칙을 묵인한 일반 백성들도 문제라고 했지요.

그러다 그럼 대중들에게 표를 많이 얻고 정당한 절차를 거치면 좋은 왕이나 대표가 되느냐는 질문과 토론으로 이어 가고자 《늑대의 선거》를 이어서 읽어 주었습니다.

《늑대의 선거》는 동물들의 농장에는 해마다 대표를 뽑는 중요한 선거가 열리는 이야기로 시작합니다. 늘 익숙한 후보들 사이로 새롭게 눈에 띄는 늑대 파스칼 후보가 등장합니다. 친절하고, 멋지고, 똑똑하기까지 한 늑대 파스칼에게 농장 동물들의 뜨거운 관심이 쏠리기 시작합니다. 늑대는 동물농장의 대표가 되는데 그때부터 사건이 일어나 결국 늑대 대표의 정체가 드러나 물러납니다. 그런데 공백이 생긴 대표를 뽑는 선거에서 새로운 여우 후보가 등장하고 이 여우는 다시 주목을 받는 것으로 이야기는 끝납니다. 아이들은 대표를 뽑는 선거라는 절차가 생긴 농장이 어쩌다 왕관을 주운 자가 왕이 되는 연못보다 형식적으로는 더 완성되었다는 것을 압니다.

하지만 동물농장 대표를 뽑는데 농장 동물이 아닌 늑대나 여우를 뽑는 동물들에게 안타까워했습니다. 수업은 농장 동물들에게 편지를 쓰는 것으로 마무리했습니다.

편지는 크게 두 가지 내용이었습니다. 농장 동물의 대표를 뽑는다는 애초의 목적을 잃어버리고 누구를 뽑을 것인지만 생각하는 어리석음을 지적하는 내용과 초식 동물과 육식 동물, 특히 육식 동물이 초식 동물의 대표가 되는 것에 대한 어리석음을 지적하는 내용이 대부분이었습니다.

농장 동물들에게 쓴 아이들 편지

농장 동물들에게

이번에 파스칼에게 투표를 했지? 잘생기고 똑똑하고 다정하다고 무조건 대표는 아니잖아. 그리고 무엇보다 중요한 것은 너희는 농장 동물 대표를 뽑는다는 거야.

누구를 뽑을까보다 너희가 뽑고자 하는 것은 농장 동물 대표인 거지. 그런데 농장 동물이 아닌 늑대의 외모나 친절함 다정함을 기준으로 뽑는다면 또 그런 일은 되풀이될 거야. 항상 처음의 목적을 생각하고 신중하게 하길 바랄게.

무엇을 뽑는지 처음의 목적을 강조하는 편지

농장 동물들에게

너희는 늑대가 선거에 나왔을 때 외모, 다정함, 친절함 때문에 대표를 뽑았잖아. 하지만 늑대는 육식 동물이야. 파스칼은 농장의 동물도 초식 동물도 아니잖아. 육식 동물이 초식 동물의 대표가 되는 것부터가 말이 안 돼.

또 여우 제라르라고 다를까? 여우 제라르도 농장의 동물도 아니고 늑대와 같은 육식 동물이야. 늑대 파스칼이 대표일 때와 비슷한 일이 일어날 거야. 그러니 농장 대표는 농장 안의 동물로 뽑는 게 좋을 거 같아.

초식 동물과 육식 동물이 함께 할 수 없음을 강조하는 편지

Q 그림책을 읽고 나서 어떤 활동을 하면 좋은가요?

A 주제에 맞게 이야기를 나누면 좋습니다.

저학년은 읽어 주는 것만으로도 충분합니다. 주제가 어렵거나 함께 생각해 볼 만한 내용을 다룬 그림책은 읽으면서 이야기를 나누면 좋습니다. 그림책 주제에 맞는 자기 이야기를 할 수도 있습니다. 그림책의 그림을 따라 다른 이야기를 만들어 볼 수도 있고, 등장인물이 되어 말을 해 보게 할 수도 있습니다. 지식 그림책은 읽고 나서 알게 된 내용을 이야기해 보도록 합니다.

중고학년이 읽을 만한 그림책은 지식 그림책이 많고 철학적인 내용을 담고 있는 책이 많습니다. 이런 그림책을 함께 읽고 주제에 대한 이야기를 나누면서 가장 마음에 남는 장면을 이야기하게 해도 좋습니다. 새로운 어휘가 나오면 그 어휘를 사용하여 문장을 만들어 보게 하고, 읽고 알게 된 사실을 정리하게 합니다.

이 것 만 은 꼭 !

그림책을 읽어 줄 때 지키면 좋은 것

- 읽어 주기 전에 그림책을 먼저 읽고 내용을 파악합니다.
- 작가 또는 그림책의 배경이 되는 사건이나 사실에 대해 알아봅니다.
- 시리즈물이면 먼저 읽어 줄 책을 미리 정합니다.
- 일정한 시간에 읽어 주어 루틴화하도록 합니다.
- 의무감보다는 함께 즐긴다는 마음으로 즐겁게 읽어 줍니다.

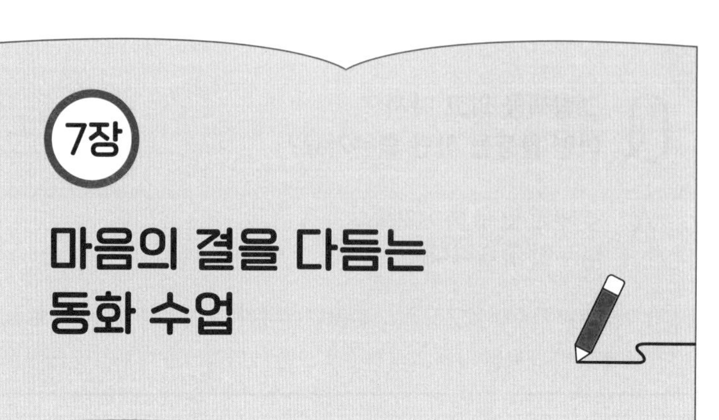

동화, 왜 읽어야 할까?

누군가는 소설의 수난 시대라고 합니다. 빠른 속도와 짧음이 미학이 되고, 그 속도와 함께 짧게 요약된 정보들이 물 밀 듯이 몰려오는 이 시대에 고도의 집중력이 필요한 소설이나 동화가 계속 사람들의 마음을 붙들 수 있을까요? 그림책도 영상으로 제작해 편집해서 읽어 주는 어플이 나오는 시대에 그림도 없는 동화나 소설이 설 자리가 점점 더 좁아지고 있는 것도 사실입니다. 소설로 대표되는 긴 글의 수난 시대라 할 만합니다.

이 와중에 아이들은 어떤가요? 아이들은 대개 짧게 요약된 영상 매체나 빠른 호흡으로 진행되는 것들을 접하기 때문에 천천히 집중해서 몰입하기를 갈수록 힘들어합니다. 예전에는 3학년 정도 되면 긴 글도 꽤 읽을뿐더러 흥미를 갖는 아이들이 많았습니다. 하지만 요즘에는 학교에서 같이 읽지 않으면 몇몇 아이만 읽는 정도입니다. 한때 시대를 풍미하던 동화들이 도서관 한구석에서 거의 펼쳐 보지도 않은 빳빳한 상태로 전시되어 있지요.

이런 상황을 어떻게 봐야 할까요? 그저 자연스럽고 어쩔 수 없는 흐름인가 하는 마음도 가끔 들기도 합니다. 하지만 문학 작품을 통해 우리가 다 경험할 수 없는 세계와 삶을 보고 느낄 수 있습니다. 또 작품 속 인물의 삶을 이해하고 공감함으로써 나 자신을 포함한 다양한 삶의 아픔과 슬픔, 삶의 가치와 의미를 발견할 수 있지요. 그 과정 속에서 타인의 삶도 이해하고 세상에 대한 통찰력도 자랍니다. 아이들에게도 이런 기회를 꼭 주고 싶습니다. 그래서 동화 수업을 고민합니다.

아이들은 공감력을 배우고 길러야 합니다. 사람이나 동물의 행동과 삶에는 그럴 만한 이유와 맥락이 있음을 경험하고 공감할 수 있어야 하지요. 또 우리가 그것들과 함께 연결되어 살아가고 있음을 느낄 수 있어야 합니다. 더욱 짧은 숏폼에 익숙해져 집중력을 잃어 가는 집중력 상실의 시대에 동화 읽기는 집중력을 키우면서도 삶을 풍부하게 합니다. 동화 속 삶에 대해 상상하고 인물을 이해하고 공감하기 때문이지요.

자신이 힘 있는 존재가 되어 버린 후에는 힘없는 존재에 대한 공감은 훨씬 더 많은 노력을 했을 때만 가능합니다.

> 자신이 어리고 약한 존재일 때 공감은 아주 쉽게 일어납니다. 그래서 어릴 때 동화나 그림책 같은 이야기책을 읽게 해야 합니다.

특히 기쁘고 행복한 감정, 우울하고 슬픈 감정과 관련이 있는 뇌의 대외변연계를 활성화되도록 해야 합니다. 감정을 다루는 그림책이나 동화를 읽고 자신 안에 있는 감정도 스스로 읽고 욕구를 자연스럽게 표출할 수 있으면 대외변연계는 더욱 활성화되어 공감이 잘 일어납니다.

동화 읽는 어린이로 자라게 하는 동화 수업

동화 수업의 궁극적인 목적은 동화 읽는 어린이로 자라게 하는 것입니다. 함께 읽고, 읽어 주는 이유도 결국은 혼자 책을 읽을 수 있는 능력을 길러 주기 위해서입니다. 아이가 책에 흥미를 느끼고 찾아 읽을 수 있도록 하는 것이 국어 문제집이나 사회 문제집을 풀게 하는 것보다 학습력을 효과적으로 길러 줍니다.

그런데 동화 수업은 아이들의 흥미를 끌지 못하고 있습니다. 아이들은 점점 더 동화를 읽지 않으려고 합니다. 왜 그럴까요? 혼자 읽기가 잘 되지 않기 때문입니다. 많은 아이가 혼자 읽는 걸 어려워합니다. 그래서 쉬운 그림책부터 함께 읽으면서 친근해지도록 해야 합니다. 해독과 독해 능력을 키워 줘야 하지요.

글자를 못 읽거나 겨우 글자를 읽지만 책의 내용을 이해하지 못하는 아이들은 책을 읽으려 하지 않습니다. 그래서 때로는 다 읽지도 않고 읽었다고 우기기도 하지요. 이런 아이들은 쉬운 책을 함께 읽거나 소리 내어 읽어 주고 난 후 혼자 읽게 하면, 내용을 이해하면서 글을 읽게 되어 책에 흥미를 갖게 됩니다.

그런데 본격적으로 동화를 읽을 무렵이면 대개는 읽어 주던 활동을 그치고 맙니다. 그 시기는 보통 그림책에서 글밥이 많은 동화로 넘어가는 2, 3학년 시기입니다.

아이들이 본격적으로 동화를 읽을 때도 동화를 읽을 수 있는 문해력을 갖춰야 합니다. 읽기 유창성, 그림책보다 더 많은 어휘와 배경지식이 필요합니다. 글자는 읽어도 어휘나 독해력 수준이 갖춰지지 않으면 혼자 읽기가 어렵습니다. 더구나 그 시기쯤 읽어 주기를 그치기 때문에 글밥이 많은 책에 모르는 어휘나 문장 표현이 나오면 아이들은 잘 읽어 내지 못합니다. 그래서 읽고 나서도 무슨 이야기인지 몰라 자기 효능감이 떨어집니다. 그러면 자연스레 읽기가 싫어지고 책에서 멀어지게 되지요. 그래서 아이들은 굳이 어려운 낱말이나 표현이 들어 있지 않는 학습 만화 쪽으로 관심을 돌려 버립니다. 그러다 5, 6학년이 되면 더욱 동화 읽기를 어려워하게 되지요.

시대적 배경이나 공간적 배경, 과학적 사실에 충분한 배경지식이 없으면 읽어도 무슨 말인지 모릅니다. 더 확장된 어휘나 문장 표현이 나오면 더더욱 이해하지 못하지요. 그래서 무엇보다도 함께 읽기를 통해 동화를 꾸준히 읽게 해야 합니다.

5, 6학년 아이들이 혼자 읽다가 많이 포기한 동화 중의 하나가 《책과 노니는 집》입니다. 책 초반부터 필사장이, 서쾌 같은 새로운 직업명이 나오고, 필사했다고 매를 맞아 죽었다는 내용이 나옵니다. 이 내용은 사회적 배경에 대한 설명이 없으면 이해하기 어렵습니다.

《책과 노니는 집》을 읽을 때 '서쾌'가 무슨 뜻이냐고 물으니 '서쾌'가 이름이냐는 질문이 되돌아왔습니다. 이어서 '장옷'은 무슨 뜻이냐고 물으니 몇몇 아이가 장옷을 알고 대답했지만 최 서쾌가 장옷을 입은 이유가 무엇인지 다시 물으니 또 "최 서쾌는 여자예요?"라는 물음이 되돌아왔습니다.

낱말 하나도 맥락이나 서사 속에서 다양한 의미를 갖습니다. '서쾌', '장옷'이라는 사전적 의미도 중요하지만 필사장이 장이 아버지와 서쾌의 관계, 여인이 쓰는 장옷을 입고 죽음을 앞둔 장이 아버지를 몰래 만나러 올 수밖에 없었던 최 서쾌의 상황과 시대적 배경을 알아야 비로소 낱말의 의미를 짐작할 수 있게 되는 것입니다.

또 문학적 표현은 어떤가요?

"한밤중 최 서쾌가 여인의 장옷차림으로 다녀간 다음 날, 장이네 집에서는 어린 소년의 울음소리가 서럽게 흘러나왔다."는 대목이 있습니다. '어린 소년의 울음소리가 서럽게 흘러나왔다.'는 문장의 의미에 대해 물었지요. 아이들은 쉽게 답을 하지 못했습니다. 대부분의 아이들이 장이 아버지의 죽음을 소년의 울음소리가 서럽게 흘러나왔다고 한 은유적 표현을 이해하지 못했던 것입니다.

그러면서 이어서 장이 아버지가 최 서쾌가 다녀간 후 숨을 거둔 까닭에 대해 물으니 아무도 대답하지 못했습니다. 읽어도 읽을 수 없는 아이들에게 혼자 읽으라고 하면 아이들은 읽는 척할 뿐입니다. 그러다 의무적으로 읽지 않아도 되는 상황이 되면 동화에서 도망치고 말지요.

따라서 함께 읽어 주면서 모르는 낱말이나 문학적 장치들을 이해시켜 주고 해석해 줌으로써 아이들의 어휘력과 이해력을 높여 주어야 합니다.

교사나 어른이 아이들의 읽기 과정을 살피고 적절히 개입해 주면서 한 달에 한 권을 읽더라도 의미 있게 읽는 경험을 만들어 주는 것이 중요합니다.

온작품을 교사가 소리 내어 읽어 주면 책을 싫어하던 아이들도 충분히 즐기는 모습을 보입니다.

> 함께 읽기를 하면 독해력이 떨어지는 아이들도 수업이나 책을 읽는 데 전혀 무리가 없습니다.

동화 읽는 아이로 키우기 위해서는 동화 읽어 주기가 먼저 되어야 합니다.

동화 수업은 동화에 대한 호감을 키울까?

학교에서도 동화가 힘을 잃은 이유는 다양합니다. 학교에서 동화를 수업에서 긴 호흡으로 다루기에는 교육 과정이 촘촘해서 그 틈을 비집고 들어가기 어렵습니다.

또 차시별 학습 목표가 있고, 그 목표를 위한 바탕글이 촘촘하게 배치된 교과서 구성도 온작품으로 동화 읽기를 어렵게 만듭니다. 그래서 동화 온작품을 수업에서 다루고 싶으면 교육 과정 및 교과서의 활동이나 학습 목표를 재구성하지 않으면 안 됩니다.

국어 교과에서 동화 비중이 높고 아이들에게 동화를 들려주거나 읽어 주면 좋아하는데 교과서에 실려 있는 동화에 대한 반응은 썩 좋지 못합니다. 또 좋은 동화가 교과서 안에 들어오더라도 조각난 작품들이 섬처럼 들어앉아 있어 그것을 읽어 내고 차시 목표를 달성하기에도 바쁩니다. 동화를 느긋하게 즐길 수 없으니 아이들은 교과서 속 좋은 동화 원본을 찾아 읽으려 하지도 않습니다.

좋은 작품도 교과서 안에 들어오면 아름다움과 감동이 없는 작품으로 둔갑하고 맙니다. 좋은 작품도 교과서에 실리면 왜 재미가 없어질까요?

장편은 전작을 실을 수 없다는 한계가 있습니다. 또한 요즘 그림책이나 동화는 그림이 차지하는 비중이 높은데, 그림이 빠져 있으니 흥미를 떨어뜨리기도 하지요. 교육 과정 운영상 교과서 집필을 언어 활동과 교훈, 언어 기능을 가르치는 데 중점을 두다 보니 교과서에 실을 동화도 이 기준에 맞춰 고릅니다.

또 교과서 속 작품은 아이들의 삶과 동떨어진 편입니다. 문학 작품이든 비문학 작품이든 아이들의 발달 과정과 흥미도를 중심에 놓고 작품을 골라야 합니다. 그 시기 아이들의 고민과 마음에 닿을 수 있는 작품이 교과서 속에 들어와야 하고 주제나 소재도 심화, 확장되어야 하지요.

> 동화는 교훈주의에서 벗어나 오늘날을 살아가는 아이들의 정서와 마음을 깊이 있게 표현한 작품을 골라야 합니다.

아이들의 삶과 동떨어지지 않고 다양한 소재와 의미 있는 주제를 담고 있는 바탕글이 수업 속에 들어오고 그것을 활동 중심으로 교사들이 수업을 구성해 낼 때 우리의 국어 수업은 지금의 모습을 훨씬 뛰어넘을 수 있을 것입니다.

또 수업 구성도 지나치게 기능 위주입니다. 수업 활동도 학습자의 정서적 반응보다는 지식과 기능 중심으로 진행됩니다. 표현 방법, 줄거리 간추리기, 글에 나타난 성격 파악하기 같은 기능적인 것에 머물고 있으며, 동화 속 주인공의 삶이나 나의 삶에 대한 성찰로 나아가지 못하고 있습니다.

좋은 바탕글을 가져와서도 흉내 내는 말을 찾는 것에 그치고, 울림이 있는 글에서도 중심 문장을 찾고 지나가는 경우가 많습니다. 바탕글을 다양한 방식으로 접근하지 못하는데, 이는 목표 자체가 너무 기능적인 것에 맞추어져 있기 때문입니다.

예를 들어, 개정 전 6학년 2학기 1단원(문학 영역)은 시나 동화에서 인물들이 겪는 갈등을 찾는 것이 단원의 주요 목표였습니다. 교과서는 너무 단조롭게 갈등이 생기고 풀리는 바탕글이었습니다. 그래서 아이들이 갈등을 찾고 그 갈등을 풀어가는 과정이 잘 드러나는 작품을 골라야 했습니다. 또 갈등의 결과들을 어떻게 받아들이고 앞으로 나아가는가를 잘 표현한 작품이 필요했지요.

그 과정에서 찾은 작품이 《엄마의 마흔 번째 생일》(최나미, 사계절)입니다. 책 속 인물들이 겪는 갈등이 아이들이 현실에서도 겪는 갈등과 많이 닮아 있어서인지 아이들은 책 속으로 깊이 빠져들었습니다. 인물들이 그 갈등을 어떻게 경험하고 헤쳐 나가는지, 또 그 결과들을 어떻게 수용하며 살아가는지를 깊이 있게 들여다보았지요.

이 책을 읽은 후 마지막 활동으로 가장 인상적인 대목을 찾아보자고 했습니다. 부모님과 이혼하여 엄마랑만 살고 있는 지은이는 다음 대목을 찾아 떨리는 목소리로 읽었습니다.

> 남들이 우리 집에 대해 뭐라 말하건 나한테는 하나도 중요하지 않다. 엄마랑 아빠랑 행복하게 살면 좋겠지만 그렇지 않아도 불행하지는 않다는 말이다. 엄마 아빠 때문에 힘들었지만 나는 밥도 먹고 잠도 자고 공부도 했다. 나는 엄마 아빠의 딸이지만 나 혼자 살아가야 할 시간이 따로 있다는 것을 확실하게 알았다.

아이들은 혼자 읽을 때는 무심히 지나칠 수 있는 것도 수업에서 함께 읽고 함께 이야기하며 읽을 때는 책 속 인물들이 겪는 삶의 문제나 그 문제에 대처하는 행동이나 마음에 몰입하고 공감합니다. 특히 문학 작품은 읽는 동안 자신의 삶을 성찰하고 내적 성장을 이루게 되지요. 정신 건강을 위해서 문학 작품을 읽기도 합니다. 작품을 읽는 과정 속에서 독서 치료나 치유가 일어나기 때문입니다. 독서 치료의 원리는 동일시, 카타르시스, 통찰입니다.

동일시(Identification)는 타인의 행동, 특히 자기보다 우월하거나 멋지다고 느끼는 사람과 같은 행동을 하려 하고, 그 입장에 있다고 생각하는 감정을 말합니다.

카타르시스(Catharsis)는 책 속의 주인공이나 등장인물들의 성공, 그들이 갖고 있는 정서적인 문제와 갈등을 해결하는 장면에서 독자도 같은 정서적인 경험을 함으로써 주인공의 슬픔과 고통을 공감하고, 타인의 입장이 되어 그들의 요구와 열망을 이해하면서 자신의 문제도 이해하게 됨으로써 마음속에 있던 부정적 감정들을 발산하는 것을 말합니다.

통찰(Insight)은 동일시나 역동적인 카타르시스를 느꼈을 때 자신의 욕구와 삶의 동기가 무엇인지를 인식하고 현재 처해 있는 문제의 원인을 파악함으로써 이 상황에서 최선의 방법을 고민하여 선택하는 과정을 말합니다.

이런 동일시나 카타르시스, 통찰은 훅 훑어보기로는 일어나지 않습니다. 차근차근 읽으며 배경과 상황을 생각하고 주인공의 감정에 같이 이입되면서 일어나지요. 자신의 생각이 미처 못 미쳤던 것을 느끼고 또 같은 생각에 공감하면서 성장하게 되는 것입니다.

이렇게 제대로 동화를 접하게 된 아이들은 스스로 동화를 찾아 읽는 독립적인 독자로 자랍니다.

동화 수업을 위해 미리 꼭 준비해야 할 것들

책을 포함한 예술 작품이 결국 얻고자 하는 것은 마음을 움직이는 일입니다. 동화에는 다양한 삶이 펼쳐집니다. 독자는 동화 속 인물이 추구하는 가치관, 다양한 감정, 사상, 역사 상황, 상상 공간으로 들어가 그 속에서 어떤 모습으로 살아냈는가를 봅니다. 읽으면서 자신을 되돌아보고 성찰하면서 마음이 움직이는 거지요.

> 동화를 읽고 공부하는 이유는 스스로 찾아 읽는 독자가 되게 하는 것입니다. 또 함께 삶의 지평을 넓히는 기회를 갖게 하는 데 있습니다.

마음이 움직이는 동화 수업을 위해 교사로서 미리 준비해야 할 것이 있습니다.

첫째, 지금의 아이들과 나눌 이야기가 많은 책을 온작품으로 선정합니다.

온작품은 지금의 아이들에게 의미가 있는 작품을 선정합니다. 같은 학교 같은 학년이어도 학급마다 아이들이 다르고, 같은 반에서도 아이들이 다 다릅니다. 아이들 수준도 천차만별이지요. 같은 학교에서 같은 학년을 이어서 해도 작년에 의미 있었던 수업이 올해에는 아무런 감흥을 주지 못하기도 합니다. 아이들이 다르기 때문입니다. 아이들이 다르다는 것은 아이들의 삶의 배경이 다 다르다는 것입니다.

학교에서 만난 친구와 교사들에 대한 경험이 달라지기 때문에 같은 책을 같은 방식으로 읽어 낼 수가 없습니다. 모든 교실에 모두 다른 아이가 있고, 모든 다른 아이들이 모두 다른 삶을 살아가며, 그 삶에서 나온 이야기도 모두 다르기 때문입니다.

올해 만난 아이들을 파악하고, 그 아이들에게 맞는 책을 고르고, 수업 자료를 만들며, 아이들에게 맞는 수업 방식을 마련하는 것이 전문가로서의 교사의 역할입니다.

2학년 아이들에게 《종이 봉지 공주》(로버트 문치, 비룡소)를 내민 적이 있습니다. 그러자 아이들이 가장 먼저 보인 반응이 '공주가 왜 이래?'였습니다. 아이들이 흔히 생각했던 공주의 모습과 많이 달랐기 때문입니다. 그 전에 아이들이 알던 공주는 옷부터 화려하고 눈은 얼굴의 절반을 차지할 정도로 크고 왕자님과 행복하게 살았지요. 그런데 종이로 옷을 만들어 입고 왕자를 구하러 용감하게 길을 나서서 왕자를 잡아간 용을 물리치는 공주의 모습은 낯설었던 것입니다.

그렇게 종이 봉지 옷을 입고 자신을 구한 공주에게 왕자는 공주다운 옷을 입고 오라고 핀잔을 줍니다. 그런 왕자 곁을 떠나는 공주를 보고 2학년 아이들은 조금은 의아하고 조금은 멋지게 보인다고 했습니다. 그러면서 가장 인상 깊은 장면은 왕자와 공주 두 사람의 관계보다 공주가 용을 물리치는 장면을 꼽았습니다.

그런데 이 《종이 봉지 공주》를 6학년 아이들과 '나다움'에 대한 이야기를 하다가 같이 읽었을 때 6학년 아이들은 전혀 다른 이야기를 했습니다. 첫 장면 그림부터 6학년 아이들은 두 사람의 관계에 집중했습니다. 첫 장면부터 공주는 왕자를 향해 하트 뿅뿅을 날리며 좋아하는 마음을 표현하는데 왕자는 시큰둥한 표정으로 다른 데를 보고 있다는 것입니다. 《종이 봉지 공주》를 여러 번 보았는데도 미처 발견하지 못한 장면이었습니다. 이후의 이야기는 2학년 아이들과 전혀 다르게 전개되었지요.

6학년 아이들은 자신을 별로 좋아하지도 않는 사람을 위해 용과 싸울 필요가 있느냐부터 일단 자신이 좋아하는 사람이었으니까 구하는 게 맞다는 의견까지 분분했습니다. 그러다 왕자가 자신을 구한 공주를 보더니 꼴이 엉망이라며 "진짜 공주처럼 입고 다시 와!"라고 하자 "와~~대박, 로럴드 왕자 대박 못됐어.", "잘했어, 공주. 어서 멀리 가 버려. 원래부터 공주를 사랑하지도 않았어." 하는 반응이 주를 이루었습니다.

2학년과 6학년, 이 책을 접한 아이들의 나이 차도 있지만 그동안의 사회적·문화적 변화도 큰 몫을 한다는 생각이 들었습니다. 색채가 화려하지 않은 공주 이야기에 실망하는 아이부터 성 역할 고정 관념에 대한 이야기, 또 사랑의 진정성보다는 외모를 우선시하고 평가하는 왕자의 태도를 꼬집는 아이까지 다양했습니다. 이렇게 같은 작품이라도 읽는 아이들의 경험이나 사회 문화적 환경 변화에 따라 전혀 다르게 읽게 됩니다. 그래서 온작품을 고르되 지금 아이들과 맞는 이야기를 가져와야 하지요.

둘째, 작가나 그 작품에 대한 정보를 알아야 합니다.

작품에 대해 사전 정보를 알면 전혀 다르게 다가갈 수 있습니다. 예전 5학년 교과서에 나온 《갈매기에게 나는 법을 가르쳐 준 고양이》라는 작품도 그렇습니다. 교과서는 고양이가 갈매기에게 날기를 권하고 결국 '날려고 하는 자만이 날 수 있다.'라는 말의 감동을 느끼게 하는 것이 목표였습니다. 하지만 이야기의 맥락을 모르면 수업을 하는 교사도 아이들도 아무런 감흥도 느끼지 못하고 그저 괜찮아 보이는 문장을 찾고, 그 문장에 밑줄 긋고 끝나고 맙니다. 이 작품을 교사가 먼저 읽고 작가나 작품에 대한 정보를 미리 파악해 놓으면 수업은 달라집니다. 작가가 어떤 책을 썼는지, 문제 의식이 어떤지를 알면 훨씬 이야기를 풍부하게 나눌 수 있습니다. 또 그 작가가 살아온 이야기도 알면 이야기가 전혀 다르게 읽힐 수 있습니다.

《파랑이와 노랑이》(레오 리오니, 물구나무)를 읽어 줄 때도 아이들에게 작가 정보를 알려 주었습니다. 아이들은 레오 리오니의 그림 방식, 작가가 주로 하고 싶은 이야기가 무엇인지 관심을 보였고 작가의 작품을 찾아 읽는 아이들까지 생겼지요.

《까먹어도 될까요》(유은실, 창비)를 함께 읽을 때도 작가 정보를 읽고, 그 작가 작품을 몇 편 소개해 주었습니다. 그랬더니 아이들이 줄줄이 유은실 작가의 작품을 말하고 다음 시간에 도서관에 가서 유은실 작가 책을 빌려와서 교사에게 자랑하듯 내미는 아이들도 있었습니다.

동화 수업은 내 안에만 머물지 않고 작가가 말하고 싶은 세상에도 들어가 보고 세상과 삶에 대한 이해의 폭을 넓히는 것이기 때문에 작가에 대해 알면 작품이 더 깊게 다가옵니다.

셋째, 작품의 시간적·공간적 배경을 파악합니다.

3학년 교과서에 《리디아의 정원》(사라 스튜어트, 시공주니어)이 나옵니다. 이 책은 1930년대 미국 대공황을 배경으로 한 작품입니다. 《리디아의 정원》에서 리디아는 양장점을 하는 엄마와 직장에서 일하는 아버지, 꽃을 가꾸는 할머니와 살다가 극심한 경제 불황으로 엄마에게는 옷을 만들어 달라는 주문도 없고, 아빠도

직장을 잃어서 외삼촌 집으로 잠깐 보내집니다.

외삼촌은 도시에서 빵 가게를 하는데, 도통 웃지 않는 무뚝뚝한 분이지요. 그래도 리디아는 타고난 밝은 성격 덕분에 외삼촌한테 시도 지어 드리고, 빵 반죽하는 법을 배우고, 가게의 고양이와 친해집니다. 그런 와중에 꽃씨를 심고 정원을 가꿔 외삼촌에게 선물하지요. 또 가족과는 편지를 주고받으며 그 시절을 버티어 내다가 아버지가 취직이 되었다는 소식과 함께 다시 집으로 돌아갑니다. 이 책은 그림과 가족 간에 주고받은 편지로만 이루어져 있습니다. 따라서 편지만 읽고 상황을 모두 추론해야 하기 때문에 시대적·시간적 배경이 매우 중요합니다. 편지에는 편지를 주고받는 시간이 명시되어 있지만 시간적 배경에 대한 사전 지식이 없으면 그 날짜가 그저 편지를 마무리하는 형식일 뿐입니다.

시간적 배경이 대공황 시기임을 이해하면 공황을 극복하고자 했던 사람들의 삶이 보입니다. 가족들이 흩어져서 다시 모여 살 날을 기다리는 간절함이 편지와 꽃씨로 이어지는 이 책을 이해하는 폭이 달라지게 됩니다.

넷째, 한 권이라도 함께 읽기를 권합니다.

읽어 주기나 함께 읽기의 궁극적인 목적도 아이들의 스스로 혼자 읽기입니다. 하지만 아직은 혼자 읽기가 안 되는 아이들과는 함께 읽어야 합니다. 이런 아이들이 혼자서 읽으면서 작품의 시대적 배경이나 어려운 문장, 어휘를 해석하고 이해하며 이야기 속에 흠뻑 빠지기는 어렵습니다. 그래서 아이들과 함께 읽으며 시대적·공간적 배경, 어려운 문장 표현도 설명해 주면서 서서히 몰입하는 경험을 갖게 해 주면 아이들은 혼자 읽는 독립적인 독자가 됩니다.

다섯째, 어떤 동화든 학년별 문해력 관점에서 집중해야 할 활동을 정해야 합니다.

어떤 책이든 학년에 필요한 문해력 관련 활동을 계획합니다. 그림책이나 짧은 책의 경우 그날 읽은 책에서 '오늘의 어휘'나 '틀린 글자 고쳐 쓰기'와 같은 활동을 할 수 있습니다. 또 줄거리 간추리기, 인물의 감정 찾아 글쓰기를 할 수도 있고, 토론을 할 수도 있습니다. 200쪽이 넘는 긴 온작품 함께 읽기를 하는 경우에도 그날 읽은 분량에서 '오늘의 어휘', 그날 읽은 곳까지의 줄거리 간추리기, 예측하기, 관용 표현을 찾아 적용하여 글쓰기도 해 볼 수 있습니다.

이런 문해력 활동은 몰아서 하기보다는 일상적으로 할 수 있도록 기본 수업 활동에 넣으면 좋습니다.

여섯째, 해당 학기의 교과서를 훑어보고 성취 기준을 파악하여 작품을 읽으면서 할 수 있는 활동으로 수업 계획을 세웁니다.

그러면 몇 권의 온작품으로도 충분히 한 학기나 일 년의 핵심 성취 기준을 달성할 수 있습니다.

예를 들어, 6학년 1학기 교과서에 나온 《우주 호텔》(유순희, 해와나무)을 온작품으로 읽으며 여러 가지 활동을 단원의 성취 기준에 맞추어 재구성할 수 있습니다.

이 책은 하늘을 보는 것도 잊은 채 땅만 보며 폐지를 줍느라 허리 한 번 펴지 못하는 '종이 할머니'가 자신에게 폐지를 가져다주는 한 소녀의 스케치북을 통해 삶에 애착을 갖게 되는 이야기입니다. 자신처럼 외로운 혹부리 할머니와 함께 차와 삶을 나누며 지금 이곳이 우주 호텔임을 깨닫는 이야기입니다.

《우주 호텔》로 단원의 성취 기준이나 중심 활동인 이야기 구조 파악하기와 이야기 간추리기를 할 수 있습니다. 1단원의 성취 기준인 비유하는 표현, 다양한 표현, 관용 표현이나 속담, 내용 추론하기나 인물이 추구하는 가치관의 변화까지 다 할 수 있지요.

《우주 호텔》로 한 단원별 활동

단원	중점 활동 성취 기준	《우주 호텔》 내용	해 볼 만한 활동
1	비유하는 표현, 다양한 표현	수수깡처럼 마른 몸 외다리에 의지하는 학처럼 주름은 깊어지고 허리는 약해지고	할머니의 어려운 상황을 짐작하게 하는 비유 표현 찾기 나이 들고 힘들다는 표현 찾기
2	이야기 구조와 이야기 간추리기		주요 삽화로 스토리보드 만들기
4	주장과 근거	폐지 가격과 폐지 줍는 노인들의 삶	노인 복지에 대한 이야기를 문제 해결 짜임으로 말하기

5	속담을 활용해요	큰 코 다친다, 품는다, 고개를 수그린다	관용 표현과 속담
6	내용을 추론해요	혹부리 할머니와 종이 할머니는 시장에서 마주치는데 어떻게 될까?	혹부리 할머니와 종이 할머니의 관계 변화 추론하기
8	인물의 삶을 찾아서	땅의 돈이 되는 것만 찾던 할머니, 우주와 하늘을 보며 우주 호텔을 꿈꾸는 삶	종이 할머니가 중요하게 생각하는 것의 변화 알아차리기
9	마음을 나누는 글쓰기		종이 할머니에게 편지 쓰기, 할머니에게 주고 싶은 시 고르기

동화 수업, 학년군별 길잡이

학년마다 읽어야 할 최소 목표 정하기

학년에 맞게 아이들과 함께 읽거나 혼자 읽을 도서 목록과 분량을 정합니다. 학년에 따라 아이들이 습득해야 할 어휘가 다르고 배경지식이 다릅니다. 또 이런저런 형식이나 주제도 다르지요.

저학년은 그림책을 포함해서 학교에서 읽어 줄 책과 가정에서 함께 읽어 줄 책을 구분하여 100여 권의 책 목록을 만듭니다.

중학년은 글밥이 어느 정도 있고, 사회나 과학, 인물 이야기 등 다양한 분야의 책을 골고루 읽어야 합니다. 혼자 읽기보다는 교사나 가정에서 함께 읽기를 할 50여 권의 책 목록을 정해서 일 년 동안 꾸준히 함께 읽거나 읽기를 할 수 있도록 하면 좋습니다.

고학년도 중학년과 마찬가지로 문학 분야뿐만 아니라 사회나 과학, 세상의 이슈를 다룬 책이나 인물 이야기 등 다양한 작품을 고릅니다. 학교에서 온작품으로 함께 읽기 할 10여 권과 가정에서 함께 읽기나 혼자 읽기를 할 책 10여 권을 선정합니다.

저학년 동화 수업

이 시기 아이들의 독서 및 읽기 능력은 독서 입문기라고 할 수 있습니다. 글자와 소리 관계를 인식하는 시기이기 때문에 음독 활동이 중요합니다. 교사나 부모의 책 읽어 주기는 독서 경험 공유, 상상력 발달, 주의 집중력, 듣기 능력, 이해력 증진, 정서적 안정감을 주므로 독서 입문기 아이들에게는 필수적인 문해 환경이라 할 수 있습니다.

이 시기 아이들은 상상력이 매우 발달해 책 속의 인물에 동일시하기도 하고 이입도 잘합니다. 그래서 다양한 그림책이나 서사가 있는 옛이야기를 들려주거나 읽어 주는 것이 좋습니다.

저학년 시기 아이들이 좋아하는 책들은 저마다 다르겠지만 일반적으로는 판타지, 쉬운 단편 동화입니다. 둘이 읽기를 좋아하고 혼자 읽는 것도 즐기지만 누군가 읽어 주면 읽어 주는 사람과 같은 경험을 공유했다는 유대감을 형성합니다.

> 저학년 시기 아이들에게 자신이 읽은 책 이야기를 다른 사람, 특히 엄마에게 전달하는 놀이는 어떤 독후 활동보다 좋은 활동입니다.

또한 아이들은 많이 읽는 것보다 반복해서 읽는 것을 좋아합니다. 반복해서 읽을 때 그 전에 읽을 때와는 다른 흥미로운 것을 발견하기도 하고, 어느 정도 이해한 책을 다시 읽음으로써 자기 효능감이 커지기 때문에 책에 대한 흥미와 관심도 커집니다.

이 시기 아이들에게 적당한 책으로는 주제가 친숙한 것, 이야기의 길이가 짧고 쉬운 내용, 또한 알고 있는 어휘가 80%가 되어야 합니다. 알고 있는 어휘가 80% 이상 되지 않으면 아이들은 책에 대한 흥미를 잃고 맙니다. 그래서 읽어 주는 것이 중요합니다. 어른이 읽어 주게 되면 모르는 어휘를 쉽게 해석해 주기 때문에 아이들은 내용을 쉽게 이해합니다.

또한 언어 발달 측면에서 이 시기 아이들은 문자의 체계에 대해 알게 되어 글자를 하나 하나 소리 내어 읽고 그 뜻을 구분합니다. 따라서 글자를 읽는 데 너무 많은 에너지를 쏟게 되면서 이야기에 집중하지 못하게 되지요. 그래서 너무 어려운 어휘가 많거나 서사가 복잡한 책은 피하는 것이 좋습니다.

특히 1학년 동화 수업은 서사 문학에 대한 아이들의 경험과 흥미 욕구를 인정하고 충족시키는 것에서 출발해야 합니다. 그렇다고 아직 충분한 혼자 읽기나 긴 글을 읽을 준비가 안 된 아이들에게 이야기가 긴 동화로 직접 접근하기보다는 그림책이나 옛이야기 그림책으로 시작해 짧은 옛이야기나 단편 동화를 들려주는 것으로 이어 가면 좋습니다. 읽어 줄 때는 일정한 시간을 정해서 하면 좋습니다. 그래야 아이들은 다른 활동을 하다가도 스스로 책을 읽거나 들을 준비를 합니다. 또한 동화와 그림책 읽어 주기는 수업에서만 하는 것이 아니라 일상 활동으로 자리 잡도록 해야 합니다.

2학년 아이들도 스스로 책을 선택하라고 하면 흔히 만화나 읽기 쉬운 책만 고릅니다. 2학년 아이들에게도 그림책이나 서사가 단순한 이야기 책을 매일 읽어 주면서 문자 세계에 대한 흥미를 불러일으켜 주어야 합니다. 아이들에게만 읽으라고 하면 아직 그림책 읽기 수준에서 머문 아이들이 많기 때문에 함께 읽기를 통해 흥미와 관심을 갖게 해야 합니다.

또한 혼자서도 읽을 수 있도록 어느 정도로 유창하게 읽는지 자주 점검할 필요가 있습니다. 유창하게 읽지 못하는 아이들은 혼자서 책을 읽을 수 없습니다. 따라서 평소에도 책을 소리 내어 읽기를 해야 합니다. 또 읽어 줘서 내용이 어느 정도 이해가 된 책을 다시 스스로 읽어 보게 하면 유창성을 키우는 데 도움이 됩니다.

그래서 소리 내어 읽는 기회를 주기 위해 그림책을 큰 화면으로 만들어서 읽어 줄 때는 아이들도 한 줄 정도씩 나누어 맡아서 낭독하게 합니다. 반복되는 문장이 있으면 반복되는 문장만 맡아 읽을 수도 있지요.

그림책《그래! 이 닦지 말자》(여기최병대, 월천상회)는 엄마의 말은 검정색으로, 아이의 말은 흰색으로 되어 있습니다. 특히 아이의 말은 '싫어'와 '아니' 정도여서 1학년 아이들이 나누어 맡아 읽기 좋습니다. 이를 닦기 싫다는 아이에게 "그래! 이 닦지 말고 겨드랑이, 발가락, 엉덩이 등 다른 곳을 닦아 줄까?"라고 묻는 엄마 말과 "아니, 아니"라고 대답하는 아이의 주고받는 말이 재미있습니다. 이런 책을 읽을 때는 다양하게 나누어 읽기를 하면 즐겁게 읽기 활동에 빠져듭니다.

재미있는 그림책이나 옛이야기, 짧은 동화로 아이들에게 이야기 및 문자 세계에 대한 인상을 좋게 하면서 동화나 그림책 어휘나 문장을 익히게 하면 좋습니다.

《그래! 이 닦지 말자》로 글자 공부를 한다면 '닦자'를 넣어 문장 만들기를 하고, 흉내 내는 말을 넣어 다양한 문장을 만들어 보는 것입니다.

중학년 동화 수업

이 시기 아이들은 만화, 명랑 소설, 짧은 과학 상식 책을 좋아하기도 하지만 여전히 동화를 좋아합니다. 주변에서 일어날 만한 일들이나 모험, 상상력을 자극하는 작품에 관심을 많이 두지요. 이 시기 아이들은 호기심이 왕성하고, 작품의 맛을 알고 나름대로 표현도 잘합니다.

독서의 양과 질의 개인차가 두드러지는 시기입니다. 그림책에서 글밥이 어느 정도 있는 동화로 자연스럽게 이어지지 못한 탓이 크지요. 이 시기는 읽기 능력에도 개인차가 많이 나서 읽기 능력이 떨어진 아이들은 책과 담을 높이 쌓게 됩니다.

아이들이 관심을 보이는 주제의 동화나 생활 속에서 공감할 수 있는 생활 동화, 모험이나 탐험을 다루는 동화책들을 학급에 비치해 둡니다. 혼자 읽게 하기보다는 온작품으로 다룰 만한 작품을 함께 읽어도 좋습니다. 과학이나 수학, 사회적인 주제를 다룬 그림책이나 책도 아이들이 읽도록 추천해 줍니다.

또한 이 시기에 한창 자라는 인식 능력을 길러 주기 위해 다독할 수 있는 환경을 만들어 주고, 책을 읽고 난 후 알게 된 내용을 간단하게 요약할 수 있도록 지도합니다.

앞뒤 문장과 분위기를 파악해 독해를 할 수 있는 시기이므로 의미 중심의 글 읽기를 합니다. 이 시기 아이들은 새로운 것에 대한 욕구가 왕성해 신화와 전설, 우정 이야기, 모험 이야기, 영웅 이야기를 좋아하고 즐기며 동정심을 유발하는 주인공에게 많이 공감합니다.

> 2학년에서 3학년으로 가는 시기에 어려운 책을 강권하면 읽기 장애가 올 수 있으며, 책 읽기를 싫어하는 아이들이 부쩍 늘면서 개인차가 나기 시작합니다.

따라서 주제나 구성면에서 친숙한 것을 폭넓게 읽을 수 있도록 하고, 책을 스스로 고르게 하되 골고루 읽을 수 있도록 해야 합니다.

어려운 어휘가 나오면 어휘의 뜻과 그 어휘를 넣은 문장이나 글쓰기를 하며 비슷하지만 다르게 쓰이는 어휘 등을 세밀하게 지도해야 합니다.

예를 들어, 《까먹어도 될까요》를 읽으며 '주춧돌'이라는 어휘를 공부하고 '주춧돌'을 넣어 문장을 완성하는 활동을 합니다. '받치다'라는 어휘가 나오면 '바치다', '받히다'와 비교하는 활동을 하고 그 낱말을 적용하는 문장 쓰기를 합니다. 이런 어휘 활동은 국어 공책이나 배움 공책에 정리합니다. 이 활동이 익숙해지면 아이들은 책을 읽다가도 어휘 공부를 하자고 하면 익힌 방식대로 정리해 나갑니다.

줄거리 간추리기, 사건의 흐름 파악하기, 인물의 감정 변화 파악하기도 할 수 있습니다.

고학년 동화 수업

이 시기 아이들의 읽기 능력 또는 독서 능력은 기초 독해기라 할 수 있습니다. 지식과 논리의 시기이지요. 고학년 아이들은 사실과 의견을 정확하게 구분해 내고 축약, 생략된 정보를 추출해 내고, 비유적 표현 이해, 표현의 적절성 등을 판단합니다. 또 지식을 다룬 책, 인간의 역사에 흥미를 보입니다.

고학년은 객관적인 이해를 넘어서 자기 나름의 해석과 분석이 초보적이나마 이루어지는 시기입니다. 따라서 직접 드러나 있지

동화 수업에서 문해력 키우는 활동

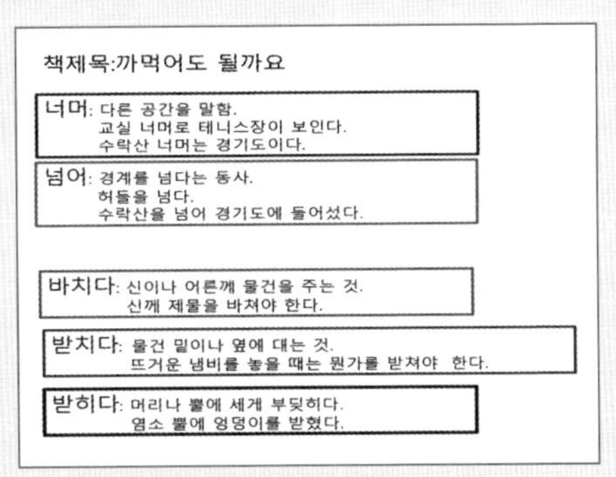
책제목:까먹어도 될까요

너머: 다른 공간을 말함.
교실 너머로 테니스장이 보인다.
수락산 너머는 경기도이다.

넘어: 경계를 넘다는 동사.
허들을 넘다.
수락산을 넘어 경기도에 들어섰다.

바치다: 신이나 어른께 물건을 주는 것.
신께 제물을 바쳐야 한다.

받치다: 물건 밑이나 옆에 대는 것.
뜨거운 냄비를 놓을 때는 뭔가를 받쳐야 한다.

받히다: 머리나 뿔에 세게 부딪히다.
염소 뿔에 엉덩이를 받혔다.

《까먹어도 될까요》를 읽으며 어휘 정리하기

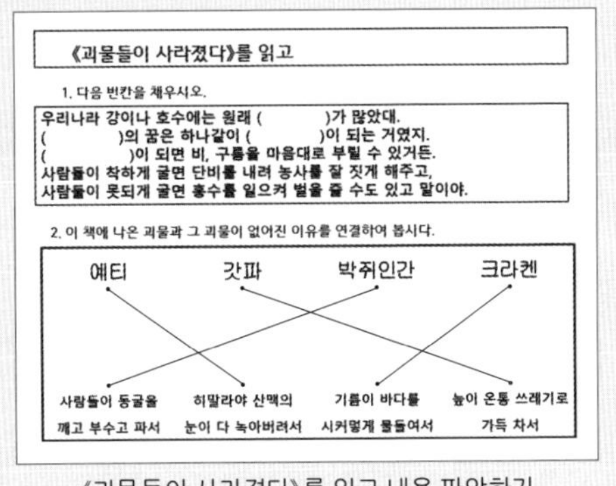
《괴물들이 사라졌다》를 읽고

1. 다음 빈칸을 채우시오.

우리나라 강이나 호수에는 원래 (   )가 많았대.
(   )의 꿈은 하나같이 (   )이 되는 거였지.
(   )이 되면 비, 구름을 마음대로 부릴 수 있거든.
사람들이 착하게 굴면 단비를 내려 농사를 잘 짓게 해주고,
사람들이 못되게 굴면 홍수를 일으켜 벌을 줄 수도 있고 말이야.

2. 이 책에 나온 괴물과 그 괴물이 없어진 이유를 연결하여 봅시다.

예티 / 갓파 / 박쥐인간 / 크라켄

사람들이 동굴을 깨고 부수고 파서 / 히말라야 산맥의 눈이 다 녹아버려서 / 기름이 바다를 시커멓게 물들여서 / 늪이 온통 쓰레기로 가득 차서

《괴물들이 사라졌다》를 읽고 내용 파악하기

는 않지만 글 속의 배경과 상황을 분석하고 인물을 자기 나름대로 평가하는 초보적 비평 활동도 할 수 있습니다. 국어 수업에서 같이 읽는 이야기나 책으로 함께 평가하기를 하면 사고 능력이 길러져 비판적 읽기가 어느 정도 가능합니다. 따라서 이 시기는 독서 토론이 아주 중요한 학습 전략입니다. 아이들도 토론 활동을

매우 좋아합니다.

고학년 아이들은 의인화된 이야기나 결론이 뻔한 이야기보다 갈등 구조가 드러나거나 현실에서 있을 법한 이야기에 더 흥미를 보입니다. 사건 전개가 빠르고 인물의 심리가 잘 묘사된 이야기나 상상 또는 유머가 있는 이야기, 반전이 있는 글을 좋아합니다.

쉽고 정확한 문장이지만 문학성이 있는 것, 가치 있는 주제 의식이 담긴 것들도 좋아합니다. 책에 대한 호불호가 강해지고 개인차가 커집니다.

고학년 문해력 활동으로 작품 속 문장 따라 쓰기를
하면 정교하면서도 효과적인 표현을 익힐 수 있습니다.

작품을 통해 독자가 얻을 수 있는 선물은 매우 다양한데 그중에 하나가 문장 선물입니다. 또 아이들에게 의미 있는 온작품을 함께 읽으면서 감동받은 문장이나 인상 깊은 문장, 필사하고 싶은 문장을 찾아 따라 쓰게 해도 좋습니다. 작품 속의 문장의 의미를 깊게 생각하는 기회가 되기 때문입니다.

《갈매기에게 나는 법을 가르쳐 준 고양이》를 읽고 5학년 아이들에게 감동받은 문장이나 단락을 따라 써 보라고 했지요. 아이들 개인적 상황을 모두 알 수는 없지만 아이들은 자기가 맞닥뜨린 삶의 파도를 자신에게 와닿는 문장을 새기며 긴 호흡과 집중력이 필요한 장편 동화를 읽어 냈습니다.

아이들이 필사한 《갈매기에게 나는 법을 가르쳐 준 고양이》 문장

날개만으로 하늘을 날 수 있는 건 아냐! 오직 날려고 노력할 때만 날 수 있는 거지. - 날기를 머뭇거리는 아포루뚜나다에게 소르바스가 한 말, 김인학
우리들은 그냥 너를 사랑하는 거야. 네가 우리를 사랑하고 있다는 것도 잘 알아. 우리들은 너 때문에 자부심을 갖고 많은 것을 배웠어. 우린 같은 존재들을 받아들이고 사랑하고 인정하는 것은 아주 쉬운 일이야. 하지만 다른 존재는 쉽지 않은 일이지. 그런데 너는 그것을 깨닫게 했어. - 아포루뚜나다에게 소르바스가 한 말, 고귀희

동화 속으로 깊이 들어가는 수업 전략

전략은 목표나 성취 기준에 다가가는 방법입니다. 작품을 읽을 때 목표를 세우고, 어떤 방법으로 아이들에게 활동을 안내할 것인지에 대해 계획을 세우면 하나의 작품으로도 다양한 성취 기준을 달성할 수 있습니다.

예를 들어, 4학년에서 《화요일의 두꺼비》를 온작품으로 읽는다면 단원의 성취 기준과 전략을 다음과 같이 활용할 수 있습니다.

《화요일의 두꺼비》 동화 수업 전략

차시	중점 활동 성취 기준	읽기 전략	읽기 전략에 따른 활동
1-2차시	추론하기	추론 및 사전 지식 활용하기	제목 보고 내용 상상하기, 두꺼비와 올빼미 생태 안내하기
3-4차시	줄거리 간추리기	조직하기	읽는 곳까지 줄거리 간추리기
5-6차시	인물 성격 파악하기	추론하기	워턴과 조지 성격 나타난 곳 알기
7-8차시	상상하기, 추론하기	동일시	워턴과 조지가 되어 일기 쓰기
9-10차시	편지로 마음 표현하기	뒷이야기 추론하기	이야기가 끝난 후, 워턴과 조지가 되어 편지 쓰기
11-12차시	문학의 재미 느끼기	다른 장르로 바꾸기	주요 장면에 맞는 대사 만들어 낭독극하기

사전 지식 활용하기 전략

어떤 주제에 대한 글을 읽을 때나 쓸 때는 이미 알고 있는 스키마(나의 생각)와 새로운 정보들이 서로 역동적인 관계를 맺으면서 새로운 지식과 생각으로 재구성됩니다. 예를 들어,《강아지똥》(권정생, 길벗어린이)을 읽는다고 할 때, 이 책에 대한 스키마에 따라 읽은 느낌이나 생각은 다릅니다. 따라서 기존에 갖고 있던 생각들이 어떻게 변해 갔는가에 주목하면서 수업을 전개해 나갑니다. 특히 기존의 생각을 완전히 뒤집는 상상력이 돋보이는 작품들은 기존의 배경지식 활성화가 중요합니다.

《강아지똥》은 더럽고 하찮고 아무 쓸모도 없는 것처럼 보이는 것이 별처럼 아름다운 꽃으로 피어난다는 내용을 담고 있습니다. 《강아지똥》은 흔히 더럽고 하찮다고 여기는 것들에 대한 생각을 다시 해 볼 수 있게 하지요.

《화요일의 두꺼비》는 두꺼비와 올빼미의 먹이 사슬 관계나 생태에 관한 사전 지식이 없으면 내용이 잘 이해되지 않는 책입니다. 추운 겨울날 하얀 눈밭으로 나가는 두꺼비 워턴의 행동이 왜 위험한 것인지, 그런 눈밭의 두꺼비를 대낮에 채 간 올빼미 조지를 다른 동물들이 왜 비겁하다고 하는지 이해가 되지 않지요. 두꺼비는 겨울잠을 자는 동물입니다. 그래서 눈밭에 드러났을 때 얼어 죽거나 굶주린 다른 짐승들에게 잡히기 쉽습니다. 또 올빼미는 야행성 동물인데, 낮에 활동하는 올빼미 조지가 다른 동물들에게는 아주 골치 아픈 존재인 것이지요.

사전 지식이 없어도 책은 읽을 수 있습니다. 하지만 사전 지식이 있으면 이야기 안의 작은 문장이나 인물의 행동도 깊게 생각하며 읽을 수 있습니다.

추론하기 전략, 마음·성격 짐작하기

추론하기는 언어적 상상력과 창의적 사고를 키우는 활동입니다. 드러난 사실로 인물의 성격과 마음을 추론합니다.

예전 6학년 국어 교과서에 나오는 <방구 아저씨>는 《마사코의 질문》(손연자, 푸른책들)에 실려 있는 단편 동화입니다. 이 동화는 "방구 아저씨가 떠났습니다. 봄비가 부슬부슬 처량하게 내리던 날이었습니다. 이날은 방구 아저씨의 귀빠진 날이기도 하였습니다. 그리고 일본이 덜컥 하와이의 진주만을 기습해서 태평양 전쟁을 일으킨 지 일 년 넉 달하고 스무하루가 된 날이었습니다."라는 문장으로 시작합니다.

이 글을 읽을 때도 태평양 전쟁에 대한 사전 지식이 없으면 일본이 조선의 숟가락까지 다 모아 가던 그 상황을 이해할 수 없기 때문에 방구 아저씨의 시대적 배경에 대한 안내도 해야 했습니다. 일본의 점령이 극악을 떨던 1942년 무렵 같은 시대를 살아가는 방구 아저씨와 이장의 성격을 추론해 보면서 인물들의 삶의 가치관을 들여다볼 수 있었습니다.

인물의 성격이나 마음이 드러난 부분을 간단하게 포스트잇이나 헥사보드에 쓰게 했습니다. 또 이를 통해 알 수 있는 성격이나 마음을 쓰게 했지요. 아이들이 쓴 메모지를 칠판에 한데 모아 붙였습니다. 이렇게 인물의 성격이나 마음을 짐작해 보는 활동을 함으로써 책 읽는 중간중간에 계속 인물의 성격에 기반한 이야기 흐름 읽기나 마음 읽기를 할 수 있습니다.

각자가 인물의 성격이나 감정이 드러난 곳을 찾는 방법도 있고 교사가 한 장면을 제시하는 방법도 있습니다. 아이들이 칠판에 붙인 메모지를 보면 아이들은 같은 장면에서도 다양한 감정이 일어

방구 아저씨와 이장 성격 추론하기

방구 아저씨의 성격
"그래도…… 좋은 세상은…… 꼭 온다. 봐라, 밖은 지금 캄캄한 밤이다. 하지만, 한잠 자고 나면…… 아침이 와 있지 않던?"
짐작되는 성격 : 긍정적이고 낙천적이다.

이장의 성격
"히라노 그 사람 별종이야. 조선 것이라면 사족을 못 쓰더군. 아, 글쎄 요강까지도 신줏단지 모시듯이 모셔 놓았더라니까." "방에 있는 장 말이야. 그 사람한테 넘기지 그래."
짐작되는 성격 : 힘 있는 사람에게 쉽게 꺾이는 성격이다.

남을 느낄 수 있었습니다.

인물의 대사나 행동, 상황이 묘사된 부분에서 책 속 등장인물의 느낌과 기분을 알고 공감하는 것은 동화를 읽는 데 인물의 감정을 따라가는 중요한 전략입니다. 이때 인물의 감정을 말로 표현할 수도 있고 인물의 감정을 이모티콘처럼 간단한 표정으로 그리게 해도 좋습니다. 《화요일의 두꺼비》로 수업할 때 이 책의 어느 한 대목을 제시하고, 그 장면에서 느껴지는 감정을 메모지에 적어 보라고 했습니다.

《화요일의 두꺼비》 추론하기 전략

워턴의 감정 찾기(교사가 제시한 장면)
워턴은 달아나려 했지만 한쪽 발을 심하게 다쳐 꼼짝할 수 없었어요. 한 발 두 발…… 올빼미가 천천히 다가왔습니다. 워턴은 눈을 꼭 감았습니다.

아이들이 찾은 감정들	
절망스럽다	후회된다
형이 보고 싶을 거 같다	놀랐다
무섭다	죽었구나

반응하기 전략, 인터뷰·비슷한 행동하기

이야기에 나오는 등장인물이 되어 등장인물의 감정이나 생각을 따라가는 활동을 말합니다. 등장인물을 인터뷰하거나 주인공의 행동을 따라 해 보고, 왜 그런 행동을 했을지에 대해 생각해 보는 활동이지요. 이 같은 활동은 반응하기 전략 중 등장인물과 동일시하는 전략입니다.

《엉뚱이 소피의 못 말리는 패션》(수지 모건스턴, 비룡소)으로 인터뷰하기, 주인공 행동 따라하기, 주인공이 되어 자신의 생각을 랩으로 발표하기를 했습니다.

소피는 4개월 아기였을 때 마음에 안 드는 옷을 입혔다고 울고, 두 돌이 되어서는 다른 아이들이 입는 옷은 입지 않으려 하고, 다섯 살 때는 그림책보다 패션 잡지를 더 좋아한 아이입니다. 초등학교에 들어간 뒤에도 옷을 너무 이상하게 입고 다녀서 주위의 눈총을 받기도 하지요. 소피는 집에 있는 모든 옷을 활용해서 그날의 기분과 햇살의 양, 바람의 방향에 어울리게 옷을 입습니다.

이 책을 2~3일에 걸쳐 나누어 읽어 주었습니다. 아이들이 집에서 혼자 읽기도 했지요. 다 읽은 후 맥락을 파악하는 활동으로 퀴즈도 함께 풀고 등장인물이 되어 인터뷰 활동도 했습니다. 이어서 소피의 행동을 따라 개성 있는 패션쇼를 하기로 했습니다. 주인공과 동일시하는 전략을 쓴 것이지요. 다음 날 아이들은 갖가지 의상을 준비해 왔습니다. 패션쇼를 하는 도중 자신의 패션에 대한 설명을 랩 형식으로 해 보자고 하고 랩 가사를 썼습니다.

패션쇼를 하면서 랩을 하는데 아이들이 가져온 의상들은 소박하면 소박한 대로, 화려하면 화려한 대로 의미가 있었습니다. '나와 다르다'는 것을 함부로 평가하지 않는, 다른 것에 대한 수용력을 키우는 기회였습니다.

우리가 동화를 읽고 글을 읽는다는 것은 글자를 읽을 수 있다는 것입니다. 또 글자를 넘어 어휘의 의미를 해석하는 데 그치지 않고, 세상을 이해하는 행위라 할 수 있지요. 동화 속에 드러난 다양한 삶의 모습을 보고 읽고 이해하며 때론 공감하면서 세상은 얼마나 다양한 삶들이 서로 연결되어 살아가고 있는가를 깨닫게 됩니다. 동화 읽기를 통해 내면은 깊어집니다.

《엉뚱이 소피의 못 말리는 패션》 반응하기 전략 활동

맥락 파악을 위해 했던 퀴즈 문제
① 다른 애들이 입는 옷을 안 입으려고 하고 가지고 노는 것은 모자, 리본, 단추, 끈 같은 것들이어서 소피에게 붙은 별명은? 엉뚱이 ② 소피는 아침 일찍 나서나 학교에 갈 때 느리게 걸어 갑니다. 이유는 무엇일까요? 아름다운 세상을 보기 위하여 ③ 소피가 아이들에게 나누어 주었으나 찢고 밟아 버려서 소피의 가슴을 찢고 꿈을 밟아 버린 것과 같다고 했던 것은 무엇이었나요? 나뭇잎 ④ 소피는 시를 쓰는 것처럼 옷을 입는다고 합니다. 몸은 종이이고 두 손은 연필, 두 눈은 창, 그럼 모자는 뭘까요? 느낌표

인터뷰하기 (소피의 입장이 될 사람을 선정해 앞으로 나오게 하고 교사가 질문을 던지거나 앉아 있는 친구들 중에 자유롭게 묻게 해도 좋습니다.)
① 언제부터 자기만의 패션에 관심을 가졌나요? ② 친구들이 내가 준 나뭇잎을 밟았을 때의 느낌은 어땠나요? ③ 신문기사에 소개되었을 때 기분은 어땠나요? ④ 친구들이 내 패션을 따라하자 다시 평범한 옷차림으로 돌아간 이유는 무엇인가요?

크리스마스 트리로
꾸민 남자아이

랩으로 만든 자신의 생각

내	가	괴상하다고	놀리면	안	돼		
치마는	꼭	여자	들만	입는 건	아	니	잖아
나는		내 맘대로		너는	네 맘대로		
모두 다	하고 싶은 대로	하면		되	잖	아	

추론하기 전략, 등장인물이 되어 일기 쓰기

동화를 읽다 보면 등장인물에 몰입되어 그 인물을 따라가게 됩니다. 동화를 읽는 목적도 책 속 등장인물의 처지가 되어 자신이라면 그 입장이 되었을 때 어떻게 할 것인가와 같은 자기 대입을 통해 성찰하는 데 있지요. 그렇게 인물에 몰입하기나 인물의 문제 해결 과정 따라가기를 하는 데 좋은 전략으로 등장인물이 되어 일기 쓰기를 들 수 있습니다.

《화요일의 두꺼비》는 3학년 아이들이 매우 좋아하는 책입니다. 이 책은 잡고 잡아먹히는 천적 관계인 올빼미와 두꺼비가 중요 인물입니다. 무뚝뚝하고 친구 하나 없는 냉소적인 올빼미가 낙천적이고 따뜻한 마음씨를 지닌 두꺼비의 정성과 노력에 차츰 마음을 열어 가며, 마침내 깊은 우정을 확인하는 이야기이지요.

등장인물과 동일시하는 전략이면서 몰입하는 전략을 쓰면 좋습니다. 워턴이 조지에게 잡힌 월요일 저녁 또는 탈출하기 마지막 날에 워턴이나 조지가 되어 일기를 쓰게 하면 아이들은 쉽게 몰입하면서 일기를 씁니다. 등장인물에 공감하는 것은 물론이지요.

고학년에서 현실적인 엄마 아빠의 갈등과 이혼을 다룬《엄마의 마흔 번째 생일》로도 이런 방식으로 수업을 했습니다. 일기 쓰기 같은 전략을 통해 인물의 마음 읽기나 인물의 입장에서 겪을 갈등을 다루면서 갈등을 풀어 가는 과정이나 갈등의 결말을 수용하는 인물의 태도 등을 깊이 읽어 내는 데 중점을 두었습니다.

그중에서도 일방적으로 엄마를 몰아붙이는 아빠가 되어 일기를 써 보게 하고 엄마 아빠의 갈등을 지켜보는 딸의 입장이 되어 일기를 써 보게 하는 활동을 했습니다. 아이들은 타인의 입장이 되어 보는 과정에서 자신뿐만 아니라 타인과 세상을 읽을 수 있는 사람으로 성장합니다.

《화요일의 두꺼비》 등장인물이 되어 일기 쓰기

	두꺼비가 되어
첫날	고모네로 과자를 가져다주기로 했다가 올빼미에게 잡혔다. 대낮에 올빼미라니…… 올빼미는 친구도 없고 이름도 없다. 그래서 내가 조지라는 이름을 붙여 주었다. 그런데도 조지는 나를 자기 생일인 화요일에 잡아먹겠단다. 에휴……
마지막날	내일은 화요일, 내가 올빼미 조지에게 잡혀 먹히는 날이다. 그동안 같이 지내며 조지의 표정이 부드러워지고 웃음도 짓는 걸 보니 설마 날 잡아먹겠나 하는 생각도 들지만 내가 탈출하려던 시도를 알고 화를 내는 걸 보니 진짜 나를 잡아먹을 게 틀림없다. 어떡하지? 형이 보고 싶다. 오늘은 잠도 오지 않는다. 어떻게 나가지?

	올빼미가 되어
첫날	며칠째 굶었는지 모른다. 그런데 오늘 하얀 눈밭에서 빨간 조끼를 입은 두꺼비를 발견하고 잡아 왔다. 얼른 먹고 싶지만 다음 주 화요일 내 생일에 먹으려고 아끼기로 했다. 그런데 워턴인가 뭔가 하는 녀석이 내 이름을 지어 주었다. 조지…… 조지…… 난 몇 번이나 내 이름을 가만히 불러 보았다. 기분이 좋다.
마지막날	내일은 내 생일이다. 워턴은 여전히 도망갈 궁리를 하고 있겠지? 나에게 이런 선물 같은 시간을 선물해 준 워턴을 돌려보내 줘야 할 것 같다. 내일 고마웠다고 인사한 뒤 보내 줘야겠다.

사고력 확장하기 전략, 생각 나누기

《엄마의 마흔 번째 생일》로 온작품 수업을 기획할 땐 부모님과 함께 읽기, 책 읽고 부모님과 책 대화 나누기, 책 대화 나누기 학습지를 바탕으로 글쓰기를 주로 했습니다. 이런 활동을 통해 작품을 어른과 함께 읽고 자신의 부모님의 삶에 대해 사고를 확장해 보는 시간을 가졌습니다.

《엄마의 마흔 번째 생일》로 부모님과 책 대화 나누기

《엄마의 마흔 번째 생일》을 읽고 부모님과 나눈 책 이야기

이름 : 배OO

1. 읽으면서 든 생각이나 느낌 나누기

부모님 : 우리 주변이나 우리 가정에서도 일어날 수 있는 문제점을 가진 가정이라서 깊이 공감되었다. 마지막 결말이 부부의 '별거'라서 마음이 아파 회복을 하는 여러 가지 방법을 생각해 보았다.

나 : 엄마 아빠가 싸우면서 가영이랑 가희 언니를 힘들게 한 것 같아서 안쓰러웠다. '이렇게 크게 싸울 수도 있구나.' 하는 생각도 했다.

2. 각자 가장 인상 깊은 대목

부모님 : 주인공 엄마가 미술 자원 교사로 와서 그림을 소개한 부분. 문제를 바라보는 시선의 변화가 필요하다는 의미로 받아들여졌다.

나 : 축구 때문에 아빠랑 싸우는 장면

3. 부모님의 어릴 적 꿈과 그에 대한 이야기
부모님 : 나의 꿈은 미술학원 선생님이다. 학교 선생님도 아닌. 4B연필 소리가 사각사각 끊임없이 들리는 미술학원 선생님.

4. 부모님의 현재 삶의 만족도 점수는 10점 만점에 몇 점이라고 생각하는가?
점수 : 10점

조직하기 전략, 줄거리 간추리기

글을 읽고 중심 내용을 간추리거나 사건의 진행 순서를 정리하는 활동입니다. 사건의 순서나 중심 내용을 간추린다는 것은 다른 활동을 하기 위한 기본 활동으로도 매우 중요합니다. 처음부터 어려운 줄거리 간추려 쓰기보다는 중요 내용을 사건의 흐름대로 정리하는 활동부터 시작하면 좋습니다.

《모기는 왜 귓가에서 앵앵거릴까?》(버나 알디마, 보림) 같은 그림책으로 시작해도 좋습니다. 동화의 줄거리를 간추린다는 것은 책의 사실적 이해 과정으로 독해의 기본 활동입니다. 2~3일에 걸쳐서 읽거나 긴 호흡으로 읽어야 하는 책들은 읽은 곳까지의 줄거리를 간추려 정리하면서 맥락을 잃지 않도록 합니다.

《까먹어도 될까요》를 3학년 교과 사흘에 걸쳐서 읽었습니다.

책을 세 등분하여 하루에 읽을 양과 읽고 나서 할 활동과 읽기 전략을 세웠습니다. 나누어 읽기 때문에 맥락을 잃어버리지 않도록 등장인물이 한 일을 간단하게 적게 했습니다. '오늘의 어휘'를 뽑아 문장 만들기를 하고, 다음 부분을 읽을 때는 전날 읽은 곳까지 줄거리를 쓰게 했지요. 중간에 흐름을 놓쳤던 아이도 오늘 읽은 곳까지 줄거리를 정리했기 때문에 맥락을 알고 이야기에 끼어들 수 있었습니다.

여러 날에 걸쳐서 읽는 장편들은 지금까지의 줄거리를 그날 읽기 시작할 때 확인해야 합니다.

이렇듯 줄거리 간추리기는 사실적 이해를 바탕으로 인물에 대한 해석과 분석, 비판 등 다음 단계로 나아가게 하는 기본 활동이라 할 수 있습니다.

추론하기 전략, 장면이나 인물에 어울리는 동시 찾기

《갈매기에게 나는 법을 가르쳐 준 고양이》가 교과서에 나왔을 때입니다. 이 책은 오염된 바닷물 때문에 죽음을 맞게 된 갈매기가 고양이에게 자신의 마지막 알을 맡기며 새끼가 태어나면 나는 법을 가르쳐 달라는 부탁을 하고 죽습니다. 갈매기와의 약속을 지키기 위해 고양이는 알을 품고 새끼를 기르고 결국은 갈매기를 갈매기 무리에게 날려 보냅니다.

아이들에게 낯선 이 작품을 함께 읽기로 했습니다. 날마다 국어 시간에 교사가 주로 읽으며 묻고 질문하고 아이들에게 어휘도 가르쳐 주며 천천히 읽어 나갔습니다. 읽다가 그날의 읽은 부분에서 가장 마음에 든 문장을 베끼기도 하고 줄거리도 요약했습니다. 어휘 불리기도 하고 그날의 등장인물이 되어 일기를 써 보기도 했지요.

그중 하나의 전략이 교실에 비치된 동시집이랑 연결하는 것이었습니다. 책 내용과 동시집이랑 연결하면 좋겠다 하는 부분이 나오면 그 부분을 읽어 주고 아이들에게 50여 권이 꽂혀 있는 동시집 책꽂이에서 동시집을 가져오라고 했습니다. 그날의 장면이나 인물에게 주고 싶은 동시를 골라 공책에 필사하게 했지요. 그리고 그 시를 고른 이유를 쓰게 했습니다. 그러고 나서 함께 공유하기 위해서 발표를 하도록 했습니다.

아기 갈매기가 쑥쑥 자라는 모습을 보면서 신현림의 시 '쑥쑥 자랐어'를 고르기도 했습니다. 또 아기 갈매기가 자꾸 실패하며 좌절하자 박성우 시인의 '자전거 배우기'를 골랐습니다. 아기 갈매기에게 아이들이 보낸 응원의 마음이었지요.

모두 다른 동시를 골랐음에도 아이들은 같은 장면을 읽었기 때문에 왜 그 시를 골랐는지 쉽게 공감했습니다. 시도 깊이 읽게 되는 계기가 되었습니다. 이런 활동은 동화를 깊이 읽게도 하지만 시를 깊이 이해하는 기회가 되기도 합니다.

비평하기, 사고력 키우는 전략

초등학생이 글이나 책 전체를 비평하는 것은 쉽지 않습니다. 그래서 보통은 등장인물 비평하기를 합니다. 인물 비평은 자기 성찰의 기회가 되기도 합니다. 인물 비평을 하기 위해서는 인물의 성격이 뚜렷하게 드러나는 작품이 좋습니다.

본격적인 동화 토론으로 들어가기 전에 《모기는 왜 귓가에서 앵앵거릴까?》로 인물 비평을 했습니다. 이 책은 서아프리카의 옛이야기 그림책으로, 모기가 이구아나에게 자기 몸집 만한 고구마를 봤다는 이야기로 시작합니다. 이 이야기에 짜증이 난 이구아나는 나뭇가지로 두 개의 귀를 막습니다. 귀를 막은 이구아나는 비단뱀의 인사를 받지 못하고, 비단뱀은 이구아나가 자신을 저주한다고 생각해 토끼 굴 속으로 숨지요. 커다란 뱀이 굴 속으로 들어오는 것을 보고 토끼는 깜짝 놀라 밖으로 뛰어나가며 숲속은 소동이 일어나는데 결국 원숭이가 실수로 아기 올빼미를 죽이게 되고, 화가 난 엄마 올빼미는 해를 깨우지 않습니다. 그래서 낮이 되어도 하늘은 여전히 깜깜하지요. 동물의 왕 사자는 맨 처음 원인을 제공한 모기에게 벌을 내리려고 하지만 모기는 이미 도망친 뒤였습니다.

그림책을 피피티로 만들어 함께 읽고 등장인물에 대해 평가하고 친구들과 생각을 나누는 활동을 했습니다. 사건을 일으킨 동물 이름 카드를 만들어 사건이 일어난 순서로 늘어놓으면서 줄거리를 다시 간추렸습니다. 그런 다음 포스트잇에 자기 이름을 쓰고 문제 인물 위에 자기 이름을 붙이고 그 인물을 선택한 이유를 간단히 이야기했지요.

《모기는 왜 귓가에서 앵앵거릴까?》 1차 인물 비평

모기	이구아나	뱀	원숭이	올빼미
이민수			이은호	이주희
홍수아	배우성	차연아	남지우	오은별
김정아	홍지수	김동하	김우현	허다연
이수민	차은호	정인아	주호연	박성우
김정연	성진혁	김민주	황주원	노서우

본격적인 토론에 앞서 인물 평가서를 작성합니다. 인물 평가서는 토론 입론 6하 원칙에 맞게 씁니다. 토론 입론 6하 원칙은 다음과 같습니다. 낮은 학년의 경우에는 2, 3, 4번 정도만 해도 됩니다. 5, 6학년은 5번 반론까지 하면 좋습니다.

토론 입론 6하 원칙

① 오늘 토론할 주제는 ______________________입니다.
② 이 주제에 대해 저는 ______________라고 생각합니다.
③ 왜냐하면 ____________________이기 때문입니다.
④ 예를 들어 ______ 것이고 ______이며 ______ 것입니다.
⑤ 물론 반대하는 입장에서는 ______ 할 수 있을 것입니다.
그렇지만 ______하기 때문에 ______보다는 ______라고
생각하기 때문입니다.
⑥ 그래서 나는 이 주제에 대해 _______다고 생각합니다.

6학년 아이가 쓴 토론 입론문 예시

① 오늘 토론할 주제는 가장 문제 인물은 누구인가?입니다.
② 이 주제에 대해 저는 올빼미라고 생각합니다.
③ 왜냐하면 올빼미는 자기 아기가 죽었다고 해를 부르지 않았기 때문입니다.
④ 예를 들어 올빼미가 슬픈 것은 이해되고 또 누가 한 짓인지도 알기 때문에 해를 부르고 난 다음에 사자왕에게 가서 자기 사정을 이야기해서 원숭이를 벌주면 되는데, 아무 잘못도 없는 식물이나 동물들이 며칠 동안 해를 보지 못하게 한 것은 잘못이라고 생각합니다.
⑤ 물론 다른 입장에서는 모기의 잘못이라고 할 수 있을 것입니다. 그렇지만 모기는 심심해서 농담한 것일 뿐이며 더구나 일이 아기 올빼미가 죽은 것은 모기 때문이라고 보기도 어렵기 때문입니다.
⑥ 그래서 나는 이 주제에 대해 엄마 올빼미가 가장 문제 인물이라고 생각합니다.

1차 토론이 끝나면 인물에 대한 생각이 바뀐 사람은 나와서 이름표를 옮깁니다.

이런 인물 비평은 책 속 인물들의 태도나 삶의 가치관을 깊이 아는 데도 도움이 됩니다. 인물 비평은 등장인물들의 가치관이 잘 드러난《곰돌이 워셔블의 여행》(미하엘 엔데, 노마드북)이나《까먹어도 될까요》에 적용해도 좋습니다. 인물 비평은 아이들에게 자신들의 가치관을 조금씩 정립해 가는 기회가 되기도 합니다.

《모기는 왜 귓가에서 앵앵거릴까?》 2차 인물 비평

모기	이구아나	뱀	원숭이	올빼미
차연아				이주희
홍지수				허다연
이민수				이은호
홍수아			남지우	오은별
김정아		김동하	김우현	배우성
이수민	차은호	정인아	주호연	박성우
김정연	성진혁	김민주	황주원	노서우

관점 바꾸어 이야기 바꾸기

아이들은 시를 쓰거나 정보를 모아 설명글을 쓰는 것에는 익숙하지만 이야기 쓰는 것을 꽤 어려워합니다. 이야기가 되기 위해서는 미리 전제해야 할 것들이 너무 많기 때문입니다. 인물, 배경, 사건의 얼개가 설정되어야 하고 이야기 서술자 시점도 결정되어야 합니다.

이야기의 3요소(인물, 배경, 사건)는 서로 맞물려 들어가기 때문에 한 가지를 바꾸면 이야기 모두를 바꿔야 하는 부담감이 있습니다. 그래서 관점을 바꿔 이야기 쓰기를 합니다. 관점을 바꿔 이야기를 쓰면 쓰기에 대한 부담감이 줄어들기 때문입니다.

《늑대가 들려주는 아기돼지 삼형제》(존 셰스카, 보림)는 기존의 '아기돼지 삼형제' 이야기를 늑대의 입장에서 쓴 책입니다. 관점을 바꾸면 사건이 일어나는 동기도 전혀 다른 것으로 시작됩니다. 《슈퍼토끼》(유설화, 책읽는곰)나 《슈퍼거북》(유설화, 책읽는곰)은 기존의 '토끼와 거북' 이야기의 뒷이야기를 거북이나 토끼 관점으로 다시 쓴 이야기입니다.

3학년 아이들과 기존의 '토끼와 거북' 이야기를 토끼나 거북이의 관점으로 이야기를 다시 써 보게 했습니다. 아이들은 거북이의 관점에서도 다양한 이야기를 만들어 냈지만 토끼 관점으로도 창의적인 이야기를 만들어 냈습니다.

평소에도 이야기 쓰기를 좋아하는 효진이는 날로 움직이기 싫어하고 살이 찌는 거북이를 위해 달리기를 하게 하고, 또 거북이가 이기게 하려고 억지로 잠을 자는 척하는 이야기로 만들어 냈습니다. 아이들은 이 이야기를 그림책으로 만들어서 전시했는데 기존의 그림책보다 훨씬 인기가 많았습니다.

이야기 바꿔 쓰기

다시 쓰는 토끼와 거북

김효진

난 오늘 거북이를 우연히 만났어.

그런데 한참 전에 만났던 거북이보다 훨씬 뚱뚱해지고 걸음은 더 느려진 거야.

"안 되겠군, 거북이 체력 단련 좀 시켜야겠어." 하고 혼잣말을 했지.

그리고 거북이에게 제안을 했지.

"거북아, 우리 저 언덕까지 누가 빨리 가나 경주할래?"

"싫어, 네가 이길 건데 뭐."

"해 보지도 않고 무슨 소리야. 난 요즘 조금만 달리면 힘이 들어 자꾸 쉬어야 해. 한번 해 보자."

뭐든지 귀찮아하는 거북이는 싫은 표정이었지만 지켜보는 다른 친구들 때문에 할 수 없이 나랑 경주를 하기로 했지. 중간 지점인 느티나무에 다다랐을 때 거북이는 아직도 어기적어기적 출발선에서 몇 미터 오지도 못했더군. 그래서 나는 거북이에게 시간과 용기를 줄 겸 해서 느티나무 밑에서 눈을 감았어. 거북이가 목적지에 다다랐을 때쯤 일어나려고 말이야. 그런데 어제 잠을 푹 잔 탓인지 잠도 잘 오지 않더군. 그래서 가늘게 실눈을 뜨고 자는 척했지. 한 시간쯤 지났을까. 거북이는 아직 절반도 오지 못했어. 난 하늘을 보고 누워 있다가 또 가만히 눈을 감고 자는 척을 하고 있는데 끙끙대는 소리가 들리더군. 가까이 오고 있었어. 난 거북이를 이기고 싶었지만 거북이를 위해 꾹 참기로 했지.

얼마쯤 지났을까? 거북이가 야호 하고 환호성을 지르는 소리에 난 정말 고막이 터지는 줄 알았어. 거북이가 결승점에 도착한 거지. 뒤늦게 허겁지겁 달려가는 나를 보고 거북이가 비웃더군.

'경주하다 자는 바보'라고 동물 친구들도 날 비웃었지.

"넌 거북이도 못 이기냐?"

그런데 난 괜찮아. 난 오늘 거북이를 위해 착한 일을 했으니까.

"거북이는 오늘 꽤 체력이 단련되었을걸. 날씬해지고 말이야."

다른 갈래글을 이야기로 바꾸기

이야기를 시로 바꾸는 활동은 비교적 쉽습니다. 반면 아이들은 시를 이야기로 바꾸는 활동을 많이 어려워합니다. 시를 이야기로 바꿀 때는 시가 이야기를 품고 있거나 다양한 화자가 나오면 이야기 전개가 수월해서 좋습니다. 김용택 시인의 시 '콩, 너는 죽었다'(김용택, 문학동네)로 이야기 바꿔 쓰기를 했습니다.

콩, 너는 죽었다

김용택

콩 타작을 하였다.
콩들이 마당으로 콩콩 뛰어나와
또르르 또르르 굴러간다
콩 잡아라 콩 잡아라
굴러가는 저 콩 잡아라

콩 잡으러 가는데
어, 어, 저 콩 좀 봐라
쥐구멍으로 쏙 들어가네

콩, 너는 죽었다.

먼저 시를 읽고, 시의 상황을 이해하게 했습니다. 시에 직접 또는 간접적으로 드러난 부모, 콩, 쥐, 콩 잡는 아이 등 인물을 찾고 그중에서 누구의 관점에서 그날 있었던 일을 이야기로 풀 것인가를 결정하게 했지요.

이야기를 만들 때 화자를 정하지 않으면, 이야기가 제대로 된 서사 구조를 가질 수 없습니다. 따라서 화자를 정하고 화자의 관점에서 그날의 상황을 떠올리며 어떤 일이 벌어지고 어떻게 결말이 날지를 떠올리게 했지요.

콩의 입장이나 쥐의 입장이 되어 쓴 이야기들은 아주 참신했습니다. 아이들은 정말 즐겁게 돌려 읽었지요. 아이들은 짧고 재미있는 시가 전혀 다른 재미를 느끼게 하는 이야기로 바꾸는 과정과 결과물에도 흥미로워했습니다.

시를 이야기로 바꾸는 활동

<쥐의 입장이 되어>

오늘도 하루 종일 쫄쫄 굶었다. 오늘은 아침부터 마당이 분주한 걸 보니 뭔가 즐거운 일이 생길 듯하다. 귀를 쫑긋 세우고 마당을 주시하고 있는데 내가 제일 좋아하는 콩을 타작하는 날이다.

'우아, 오늘 포식 좀 하겠구나.'

찰싹찰싹 콩 타작이 시작되더니 콩 튀는 소리가 요란하다. '어서 굴러들어 와라.' 하고 있는데 "콩 잡아라, 콩 잡아라." 하며 열심히 주워 담은 저 녀석은 뭐람.

아무리 그래도 콩은 쥐구멍으로 굴러오게 되어 있다. 우리 집 한 켠에 수북하게 쌓인 콩을 보니 벌써 배부르다. 콩을 배불리 먹고 났더니 헉!! 내가 콩쥐가 되었다. 엄마가 옆에서 그러신다. "그러니 내가 너무 많이 먹지 말랬지?"

다시 쥐가 되기 위해서는 오늘만큼 콩을 먹으면 된단다.

나는 콩쥐가 된 김에 사람으로 살아보기 위해 쥐구멍을

나왔다. 여기저기 돌아다니다 팥쥐를 만났다. 저 팥쥐는 팥을 많이 먹어 변신한 거를 나는 한눈에 알아봤다. 같이 돌아다니며 노는데 이 팥쥐가 《콩쥐팥쥐》 책을 읽었는지 나에게 뭐든 다 시켰다. 팥쥐에게서 벗어나고자 나는 쥐구멍으로 돌아와 콩을 먹고 다시 쥐로 돌아왔다.

오늘은 콩도 많이 먹고 사람으로도 살아 보고 횡재한 날이다.

6학년 김미래

<콩의 입장이 되어>

아저씨가 콩 타작을 하고 있었다.

나는 콩 타작하는 몽둥이가 무서워 콩깍지에서 벗어나자마자 도망을 갔다. 그런데 나를 잡으러 오는 남자아이를 피해 죽자사자 달아났다. 마침 앞에 쥐구멍이 있었는데 나는 몸을 던져 쥐구멍으로 피했다.

그런데 이번에 쥐들이 입을 떡 벌리고 있다. 있는 힘을 다해 점핑해서 쥐구멍을 빠져나왔다. 그리고 나는 재빨리 숲쪽으로 도망을 쳤다.

그런데 이게 웬 날벼락. 숲속에는 배고픈 참새 떼가 날 먹으러 달려들었다. 난 몸을 피하려다가 개미굴에 빠졌다. 나는 개미들에게 붙잡혔다.

개미들은 식량 창고에 먹을 것이 많아서 나를 분해해서 쌓아 두려는 계획을 세웠다. 이대로 있다간 죽겠다 싶어 얼른 꾀를 생각했다.

"나는 땅속에 묻히는 것이 제일 무섭고 물도 무서워요."라고 말했다.
 그 말을 들은 여왕개미와 개미들은 콩을 땅속에다 묻고 물을 퍼부었다. 개미들은 내가 죽었다고 생각을 하고 개미굴로 돌아갔다.
 땅속에서 깊은 잠을 잔 나는 봄이 되어 콩나무로 다시 세상에 태어났다.

6학년 이지호

이야기를 다른 갈래로 바꾸기

《화요일의 두꺼비》를 주요 장면으로 나누어 각 장면에 어울리는 대사나 책 속 문장, 대사를 가져와서 간단한 연극이나 낭독극으로 만들었습니다. 낭독극은 글밥이 많지 않는 경우, 글 전체를 낭독해도 됩니다. 의미 있는 대사만 뽑아 낭독해도 되고, 각 장면을 맡은 아이들이 더 대사를 넣어도 좋습니다. 장면을 나눠 주고 교사가 낭독 대사를 넣어 줘도 되지만, 각 장면을 읽을 사람만 정해 주고 아이들끼리 책을 보면서 낭독 대본을 만들게 하면 좋습니다.

스무 명 정도의 아이들이라 2~3명씩 주요 흐름에 맞는 삽화를 나누어 주고 대본을 만들게 했습니다. 《화요일의 두꺼비》는 3학년 아이들이 각 장면에서 나눌 수 있는 대사글로 바꾸고 모둠에서 역할을 나누어 읽었습니다. 교사는 각 장면에 어울리는 삽화를 피피티로 만들어 아이들 낭독에 맞춰 주었습니다.

《화요일의 두꺼비》 낭독극 대본 예시

흐름 순서	장면	낭독 대본
1		워턴 : 이렇게 맛있는 딱정벌레 과자는 처음이야. 모턴 : 고마워. 워턴 : 툴리아 고모에게 과자를 가져다 드리고 싶어. 모턴 : 안 돼, 밖은 지금 한겨울이야. 몸은 꽁꽁 얼고 팔짝팔짝 뛸 수도 없어. 워턴 : 괜찮아. 몸을 따뜻하게 옷과 모자, 장갑을 끼고 스키를 탈 거야.
2		사슴쥐 : 고마워, 구해 줘서. 눈 녹을 때까지 여기 처박혀 있을 줄 알았어. 워턴 : 어서 올라와 차를 마셔. 사슴쥐 : 겨울잠을 자야 하는 너는 왜 돌아다녀? 워턴 : 저 골짜기 너머 툴리아 고모에게 딱정벌레 과자를 가져다 드리려고……. 사슴쥐 : 앗! 그런데 그 골짜기엔 비겁하고 심술궂은 올빼미가 살아. 조심하고 이 목도리 줄게. 우리 친척들이 이 목도리를 보면 너에게 어려운 일이 생기면 도와줄 거야.
(이하 생략)		

지희 쌤 문해력 톡톡

Q 그림책은 곧잘 읽던 아이가 동화책은 읽지 않아요.

A 동화도 읽어 주고, 아이와 함께 읽으세요.

1학년이 끝날 무렵에 동화책을 읽어 주거나 함께 읽습니다. 처음에는 옛날이야기나 단편 동화를 읽어 주면 아이들은 서사가 있는 이야기에 흥미를 느낍니다. 2학년은 그림책과 동화책을 반반 정도 되게 섞어서 읽어 주세요. 읽고 나서 간단하게라도 이야기를 나누면 좋습니다.

3, 4학년은 과학이나 역사 그림책을 읽어 주어 이 분야의 어휘에 익숙하게 해 줍니다. 교과서에 실린 온작품을 읽어 주거나 함께 읽기를 합니다.

5, 6학년 동화는 어려운 어휘나 표현이 많이 나오고 시대적 배경이나 배경지식이 없으면 이해하기 어려운 작품이 많기 때문에 읽어 줘야 합니다. 전체를 다 읽어 주기 어려우면 초반 부분을 꼭 읽어 줍니다. 함께 읽고 책 대화를 나누면 아이들의 사고력도 깊어집니다.

이 것 만 은 꼭 !

평생 책 친구로 만드는 법

- 책을 '읽어라'보다는 '읽어 줄게', '같이 읽자'로 시작해 봅니다.
- 그림책에서 줄글 책으로 넘어갈 때도 읽어 주기로 이끌어 봅니다.
- 저학년은 반복해서 읽어 주면 책 읽기에 대한 자신감을 높일 수 있습니다.
- 듣는 귀와 읽는 눈의 독해력은 15세에 비슷해지므로 혼자 읽을 수 있어도 읽어 줍니다.
- 짬날 때 책을 읽는 것이 아니라 느긋하게 책 읽는 시간을 확보해 줍니다.

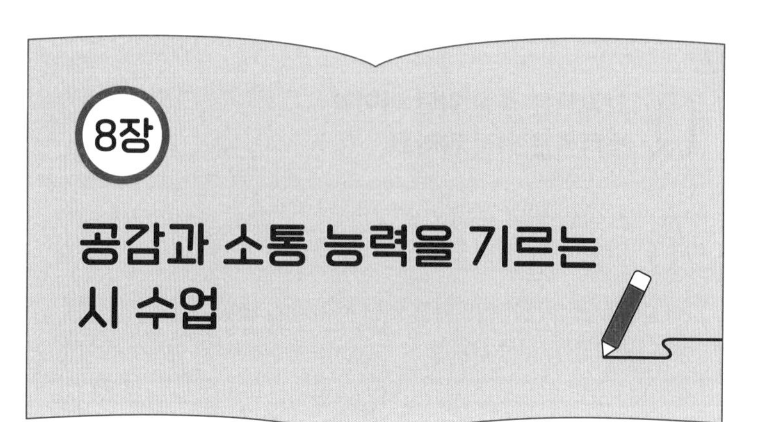

8장
공감과 소통 능력을 기르는
시 수업

공감과 소통 능력을 기르는 시 수업

시 수업을 하는 사람이나 수업을 받는 사람들 모두가 공통으로 하는 말이 "시 수업은 어려워."입니다. 우리는 왜 이런 어려운 시를 가르치고 또 공부해야 할까요? 좋은 시를 만났을 때는 '맞아, 그렇지!' 하며 공감하기도 하고 살며시 미소가 지어지거나 감정이 울컥 올라오기도 하지요. 한 글자 한 글자 필사하며 마음에 깊이 새기고 싶을 때도 있습니다. 아이들에게도 그런 경험을 할 기회를 주고 싶었습니다. 그래서 시를 가르치지만, 실제로 시 수업을 하려고 하면 참 막막해지는 것도 사실입니다.

교사 자신도 시를 잘 모르겠고 교과서에 나온 시에서도 특별한 맛을 느끼지 못하는데 시를 어떻게 가르쳐야 하는지 답답하기만 합니다. 시 수업을 하면서도 흉내 내는 말이나 찾고 비유적인 표현, 효과적인 표현을 찾고 끝내는 경우가 대부분이지요. 그러다가 아이들에게 시를 쓰라고 하면 되돌아오는 질문이 "시가 뭔데요?" 또는 "시를 쓰라고요?"일 때는 더더욱 난감합니다.

시 수업을 하는 목적은 글을 쓴 사람과 글을 읽는 사람의 마음을 잇기 위한 것이 아닐까요? 마음을 잇는다는 것은 시인이 발견한 것을 '그렇지. 그런 것이 있었지. 그런 마음이 들 때도 있었어.' 하며 공감하는 것입니다. 또한 시를 읽으면서 시인이 그랬던 것처럼 새로운 눈으로 세상을 발견하고 신기해하며 그 안에 있는 다양한 모습을 찾아내는 통찰력을 기르는 데 있지요. 또한 자신이 발견한 것을 시로 표현하는 방법을 배우는 것도 시 수업의 목적이라 할 수 있습니다.

> 시 교육, 문학 교육의 목표는 이해와 표현, 소통과 공감이 가장 큰 비중을 차지합니다.

특히 타인(다른 사람, 다른 세상, 자연 등)의 아픔에 공감하지 못하고 자신의 마음도 적절하게 드러내지 못하는 요즘 아이들에게 더욱 필요한 현실적인 목표인지도 모릅니다.

개인적으로는 시 수업을 하는 목적을 시가 우리의 삶과 가까이 있음을 알게 하고, 그 과정에서 "이것도 시군요.", "이렇게 써도 시가 되는군요." 하는 말을 듣는 데 둡니다. 그래서 우리가 늘 만나는 상황이 시적 상황일 수도 있음을 깨닫게 합니다. 시 수업은 그런 시적 상황에서 다른 아이나 시인들이 어떻게 표현했는가를 견주어 보며 시와 삶의 효용성을 깨닫는 기회가 될 수 있도록 합니다.

지금까지의 시 수업은 지나치게 표현 방법에 치우친 경향이 있습니다. 저학년은 흉내 내는 말, 중학년은 묘사하는 말과 장면 상상하기, 고학년은 비유적 표현과 효과적인 표현에 집중하는 편이지요.

시는 언어의 문제가 아니라 관점의 문제이자 상상력의 문제입니다. 매일 보고 마주친 일상이 시인의 눈을 통해 어떻게 드러나는지, 어떤 것을 발견하고 상상해 내는지를 경험하게 하는 것이 중요합니다. 그 과정에서 자신의 주변을 심드렁하게 바라보지 않는 통찰력과 상상력을 키워 가야 합니다.

그런데 어려워서 진정한 시 공부에 다가가기가 쉽지 않다는 것이 문제입니다. 교육 과정의 기능적 목표나 표현에 맞는 시를 교과서에 싣다 보니 주로 어른들이 쓴 시가 교과서에 나옵니다. 그래서 시는 조금은 어렵고 근사해야 하며 특별한 말을 써야 한다는 선입견이 생기고 시는 난해하고 시 수업은 어렵다는 인식을 심어 준 듯합니다.

시랑 친해지는 게 먼저다

시를 본격적으로 공부하기 전에 시랑 친해져야 합니다. 동화나 그림책은 아이들이 일상에서 비교적 많이 접하지만 시는 수업 시간에만 만나는 정도이지요.

시 수업 전에 아이들이 시의 맛을 제대로 알게 하는 것부터 시작해야 합니다. 아이들의 시 읽기 경험이 풍부하면 본격적인 시 수업에 들어가도 수업이 자연스럽습니다.

시랑 친해지기 1 노래가 시가 되고, 시가 노래가 되고

매년 3월, 학년 초에 아이들에게 시, 노래 공책을 준비하게 합니다. 첫 만남에서 최승호 시인의 '나'라는 시를 칠판에 써 주고, 시 공책에 따라 쓰고 꾸미게 합니다. 노래로 부를 수 있게 되어 있어서 노래도 부르고 자연스럽게 '시 바꿔 쓰기'로 자기 소개까지 합니다. 이렇게 시작된 시, 노래 공책은 '예쁘지 않은 꽃은 없다'부터 '겨울 물오리'까지 노래가 된 시들로 가득 찼습니다. 학년이 끝나갈 무렵에 연극을 하는데, 배운 시 노래랑 결합하니 그럴싸한 뮤지컬이 되었습니다.

일주일에 시 노래를 한 편씩 인쇄해서 나눠 주고 일주일 동안 노래를 불렀습니다. 악보가 있는 것은 오카리나나 칼림바로 연주도 했지요. 시가 일상으로 스며들기 시작했습니다. 직접 노래를 만들 수 없어서 이미 노래로 만들어진 시로만 하려니 조금 아쉬웠습니다. 마침 백창우, 이호재, 한승모 선생님이 쓴 《시 노래 이야기》(푸른칠판)가 나와 반가웠습니다. 일 년을 시와 노래를 목청껏 부르며 살기에 충분했습니다.

시랑 친해지기 2 동시집 학급에 비치하기

아이들 수보다 훨씬 많은 시집을 교실에 비치해 놓습니다. 시집을 활용하여 아침 활동도 하고 수업 시간에도 많이 활용합니다. 또 시집을 돌려 읽게 함으로써 아이들이 일상적으로 시를 많이 접하게 합니다. 한 주 또는 두 주 동안 한 권의 시집을 갖고 다니며 충분히 읽게 한 후 시집을 바꾸어 읽게 합니다. 시집을 바꾸는 날에는 자신이 읽은 시집에서 가장 좋은 시를 따라 쓰게 하고, 마음에 든 이유를 말하게 하거나 고른 동시를 낭독하게 합니다. 1학년 아이들에게도 동시집을 두 주씩 갖고 다니며 읽게 하고, 마음에 드는 동시를 골라 낭송하게 했습니다.

> 1학년 아이들도 다 저마다 자신의 마음과 상황을 대변하는 시를 마음에 드는 시라고 골랐다는 점에서 놀라웠습니다.

엄마가 늦게 퇴근하는 아이는 엄마를 기다리다 엄마 심장 소리와 닮은 은행나무를 껴안는다는 시를 고르기도 하고, 부끄럼쟁이 아이는 누구나 처음에는 다 서툴고 두려운 마음을 다독거리는 시를 골랐지요.

일하는 엄마를 둔 은서는 시집을 늘 그냥 들고만 다니는 듯했습니다. 그런데 어느 날 자신 있게 찾은 시를 발표하겠다고 나섰지요. 아침 8시쯤 누구보다 일찍 학교에 오는 은서는 돌봄 교실과 각종 학원을 맴돌다 저녁 7시가 넘어서 집에 갑니다. 그런 은서에게 학교와 집의 거리는 정말 까마득했을 텐데 그런 마음을 잘 읽어 주는 시, 김은영의 '학교와 집 사이'를 골랐습니다. 이 시는《선생님을 이긴 날》(김은영, 문학동네)에 실린 시로 학교와 집 사이는 후다닥 걸어서 가면 5분이지만 학교와 학원을 전전하다 겨우 집에 간다는 내용입니다.

아이들은 한 권의 시집을 한 주 또는 두 주에 걸쳐 충분히 꽤 깊게 읽었습니다. 이후 동시집을 활용한 수업에도 매우 유익했지요. 특정 감정이 드러난 시 찾기, 창의적이거나 비유적인 표현 기법이 드러난 시 찾기, 현재의 자기 심정을 대변해 주는 시 찾아 따라 쓰기, 온작품 속 인물이나 장면에 어울리는 시 찾기를 할 때도 동시집을 갖고 다니며 읽은 덕분에 아이들은 시 찾기를 쉽게 할 수 있었습니다.

시랑 친해지기 3 내 마음을 대신 말해 주는 시 찾기

교과서에 실린 시는 왜 아이들이 어렵고 멀게만 느낄까요? 다양한 경험을 가진 아이들에게 한두 편의 시로는 공감을 얻기 어렵기 때문입니다. 그래서 학급에 비치된 동시집에서 자신의 마음을 대변해 주는 시를 골라 보라고 했습니다. 고른 시를 따라 쓰거나 낭송하게 했지요.

내 마음을 대변해 주는 시 찾기는 학년과 관계없이 자신의 마음을 드러내기 어려워하는 아이들에게 시인들은 마음을 어떻게 드러냈나를 배우면서 시적 표현을 배우는 기회를 제공합니다.

자신의 마음을 대신 말해 주는 시 찾기 활동은 아침 활동으로 해도 좋습니다. 아이들이 아침에 등교하면서 느낀 자신의 감정을 읽고 그 감정이 잘 드러난 시를 시집에서 찾아 따라 쓰는 활동을 꾸준히 했습니다.

자신의 마음을 대변해 주는 시 찾기에서 더 나아가 자유 의지가 잘 드러난 시, 창의적인 표현이 들어간 시, 웃음이 저절로 나오는 시, 기발한 상상이 두드러진 시, 재미있는 표현이 들어 있는 시를 찾아보며 아이들은 시와 친해졌습니다.

시랑 친해지기 4 시로 감정 사전 만들기

자기 감정을 그대로 읽고 인정하는 것은 매우 중요합니다. 특별한 처방이 없이도 자신의 감정을 인정하는 것만으로도 자기 치유가 일어납니다.

아이들한테 그날 자기 안에 가장 많이 머무른 감정을 쓰고, 그 감정에 어울리는 동시를 찾아 따라 쓰게 했습니다. 공책에는 '감정 사전'이라고 제목을 붙이게 했지요.

전모는 모범생이었습니다. 학습, 생활, 창의적인 활동 가릴 것

없이 두드러지는 아이였지요. 그런 전모는 누구보다 자유롭지만 늘 더 큰 자유를 꿈꿉니다. 전모는 '갈등'이 주제인 시를 찾을 때도 이안의 '고양이는 고양이'(《고양이와 통한 날》, 이안, 문학동네)를 골랐습니다.

고양이를 말 잘 듣는 개처럼 키우지 말라는 시를 통해 전모는 자신과 부모의 갈등 상황을 표현했고, 자기 마음을 깊이 들여다볼 수 있었습니다.

이런 시로 만든 감정 사전은 학년이 끝나갈 무렵이면 아이들의 빼곡한 시선집이 되었습니다. 아이들은 저마다 자신들이 만든 시선집을 시간이 날 때마다 꾸미면서 자신들의 감정을 어루만지며 살아갔습니다. 시의 필요성과 효율성을 나름대로 느낀 아이들은 시를 써 보자고 했을 때 '뭘 쓰라는 거야?' 하는 식으로 반항하지 않습니다.

시랑 친해지기 5 시와 동화책 그림책 연결하기

온작품 동화책을 읽으면서 주인공의 마음을 대변해 줄 시를 고르거나 주인공에게 주고 싶은 시 고르는 활동을 합니다. 이런 활동은 시 수업과 어떤 관련이 있을까요? 상황에 맞는 시를 쓰기보다는 왜 고르는 활동을 하는지 궁금해하는 분들이 많습니다.

동화를 깊이 읽게 하기 위해서입니다. 상황에 맞거나 인물에게 주고 싶은 시를 고르려면 먼저 상황을 파악해야 합니다. 또 인물들의 상황과 감정, 처지에 몰입할 수 있어야 가능하지요. 교육적 측면에서 보면 아이들이 '이럴 때 이렇게 시로 표현할 수도 있구나.' 하며 시의 필요성을 느낄 수 있기 때문입니다.

> 아이들은 시 고르는 활동을 통해 작품 속 인물의 복잡한 속내를 짧은 글로 표현하는 시의 효용성도 느낄 수 있습니다.

초등학생들은 경험도 많지 않을 뿐만 아니라 그 경험 속에서 뭔가를 찾아내 시를 쓰기에는 상당히 한계가 있습니다. 그래서 온작품 속 인물들의 경험이나 삶을 보며 드는 자신의 생각이나 감정, 경험을 대신 표현해 주는 시를 고르게 합니다.

또 주인공에게 주고 싶은 시를 골라 보게 하면 대체로 아이들 스스로에게 필요한 시를 가져옵니다. 본능적으로 자신의 삶과 연관시키는 것이지요. 동화 속 인물에게 주고 싶은 시를 고를 때도 아이마다 각양각색의 시를 골라 오는 걸 보면 참 놀랍습니다. 동화 속 인물이나 자신의 마음을 대변해 주는 시를 고르면서 아이들은 시인들의 정선된 언어로 표현되는 신기한 경험을 합니다. 그 경험을 통해 '시란 이런 것이구나.' 하고 느끼지요.

《갈매기에게 나는 법을 가르쳐 준 고양이》를 읽고 날기 연습을 하면서 좌절하는 아포루뚜나다에게 주려고 수빈이는 '자전거 배우기'(《불량 꽃게》, 박성우, 문학동네)를 골랐습니다.

자전거 배우기

박성우

이크 넘어졌구나.
그렇지만, 뒤를 돌아봐
축구 골대가 아까 탈 때보다
훨씬 작게 보이지?

이 시를 고른 이유를 수빈이는 이렇게 적었습니다.

"자전거 배우기처럼 아포루뚜나다가 처음부터 잘할 수는 없지만 계속 자신감을 잃지 않고 도전하다 보면 성공에 가까워져 있을 것 같아서 이 시를 골랐다."

수빈이는 소아 우울증을 앓고 있어 치료를 받고 있었습니다. 수빈이가 동화 속 인물에게 주는 시라고 골랐지만, 끊임없이 우울증을 극복하고 당당히 서려는 그 아이의 마음을 읽어 주는 시라는 생각이 들었습니다. 그리고 5년이 지난 어느 날 출근길에 키 큰 남학생이 저를 아는 체했지요. 수빈이었습니다. 오히려 그때보다 얼굴이 맑고 멋진 고등학생이 되어 있었습니다. 먼저 알아보고 말 걸어 줘서 고맙다고 인사하고 헤어지려고 할 때 저에게 물었지요.

"선생님, 이제 교장 선생님(당시 공모 교장하고 있던 중)이라 애들한테 책 안 읽어 주시겠네요? 저는 아직도 선생님이랑 읽은 책들이 마음에 남아 있어요."

그때 마침 6학년 아이들에게 《조커, 학교 가기 싫을 때 쓰는 카드》를 읽어 주고 있던 참이라 아직도 하고 있다고 대답할 수 있어서 다행이었습니다. 아이들이 책을 읽으면서도 시랑 연결하면서 자기 이야기를 할 수 있어서 오래 남았던 것은 아닐지 싶습니다.

그림책을 읽고 시로 연결해도 좋습니다. 《세상에서 가장 힘이 센 말》(이현정, 달달북스), 《다니엘이 시를 만난 날》(미카 아처, 비룡소), 《마음이 퐁퐁퐁》(김성은, 천개의바람)은 시로 연결하기에 좋은 그림책입니다.

《세상에서 가장 힘이 센 말》을 읽어 주면서 책에 나온 말을 한 경험이나 들은 경험을 이야기로 나누었습니다. 어떤 말을 들었을 때 긍정적이든 부정적이든 어떤 힘으로 다가오는가를 시로 표현해 보기로 했지요. 아이들이 자주 듣는 말을 칠판 가득히 쓰고, '듣기 싫은 말'은 빨간색으로, '듣기 좋은 말'은 노란색으로 구분했습니다. 그러고 나서 듣기 싫은 말이나 듣고 싶은 말 중 골라서 그 말을 들었을 때의 감정을 써 보자고 했지요.

채민이는 '빨리 해', '잘했어', '오지 마', '괜찮아', '미안해'로 자기 감정을 오롯이 드러냈습니다.

말의 힘

1학년 임채민

'빨리 해'를 들으면 잔소리 같아.
'잘했어'를 들으면 100점 받은 기분이 나요.
'오지 마'를 들으면 상처받는 것 같다.
'괜찮아'를 들으면 모든 걸 할 수 있을 것 같다.
'미안해'를 들으면 다친 것도 이겨 낼 수 있을 것 같다.

3학년 소연이는 이렇게 썼습니다.

따뜻한 말들

3학년 이소연

'열 살답네'라는 말을 들으면 열한 살처럼 되고 싶어진다.
'그랬구나!'라는 말을 들으면 그 사람한테 모든 것을
털어놓고 싶다.
'책 읽어 줄게'라는 말을 들으면 너무 기대된다.
'사랑해'라는 말을 들으면 '나도 사랑해요'라고 말하고 싶다.

시랑 친해지기 6 날마다 동시 낭송하기

동시집이나 아이들이 쓴 시 중에서 일주일 동안 읽으면 좋겠다는 시를 두 편 정도 골라 학습지로 나누어 줍니다. 날마다 낭송했는지를 표시하게 하고 일주일이 지난 후 아이들과 함께 이야기를 나눕니다. 이 활동을 일 년 동안 꾸준히 하다 보면 50여 편의 시를 반 아이들 모두가 낭송하다가 암송하게 되면서 자연스럽게 시와 가까워집니다.

이렇게 아이들이 읽어서 마음속에 간직하고 있는 시가 많으면 수업 시간에 꺼내도 쉽게 공감합니다. 예를 들어, 행을 너무 잘 만들어서 효과적인 시라고 말하면 아이들은 이준관의 '나비'를 바로 떠올리지요.

저학년은 통합 교과 주제와 관련해서 배울 때나 한글을 배울 때에는 한글 자모음이 잘 드러난 시를 제시하면 좋습니다. 자연스럽게 주제나 한글과 관련된 시 공부도 함께 하게 됩니다.

낭송 동시 학습지 사례

매일 매일 큰 소리로 낭독해요.	
아로 시작되는 말	**어** 나라에는 누가 사나?
아빠를 찾는 아가 아가를 달래는 아이스크림 아이스크림을 먹고 싶어 쌩~ 날아오는 아이언맨	물고기 잡는 어부 물고기 키우는 어항 해를 꼭 안고 재우는 어둠 나를 안아 주는 어머니 사랑을 먹고 자라는 어린이 '어' 나라에 또 누가 사나요 했더니 문어, 방어, 잉어……. '어'를 꼬리에 달고 있는 물고기 친구들도 산대요.

내가 읽은 것을 표시해요.					
월	화	수	목	금	확인

시랑 친해지기 7 동시집으로 노는 특별한 경험, 동시 캠프

학년 행사로 독서 캠프를 열기로 했습니다. 네 학급에 있던 동시집을 모으니 200여 권이 되었습니다. 아이들을 체육관에 모아서 여섯 명씩 한 모둠을 만들었습니다. 모둠별로 한 명이 나와 뽑기통에서 미션을 뽑는 방식으로 진행했는데, 뽑는 미션은 맛이 느껴지는 시 찾기였습니다.

뽑기통 안에 제시된 맛은, 사이다맛(발견, 기쁨, 정직, 고백, 해결),

고소한맛(쌤통이다!), 달달한 아이스크림맛(사랑, 배려), 쓴맛(이별, 실패, 실망), 짠맛(눈물, 후회, 억울, 통증, 아픔), 쓰라린맛(좌절, 실망, 후회), 신맛(부러움, 질투, 시기), 매운맛(혼남, 패배, 폭망), 짜릿한맛(성공, 승리), 구린맛(찜찜함, 후회), 씁쓸한맛(차임, 실망, 패배)이었습니다.

뽑기통에서 무작위로 맛을 뽑아 모둠으로 돌아가면 자기 모둠이 찾을 시의 맛에 대해 상의하고 시집을 가져가 맛이 느껴지는 시를 골랐습니다. 모둠원들이 다 한 편씩 골라서 쓰고 모둠에서는 토론을 거쳐 맛이 잘 드러난 시를 한 편 골라 모둠 시로 정합니다. 그러고 나서 큰 종이에 따라 쓰고 시화를 그렸습니다. 발표할 때는 맛을 말하지 않고 시화를 발표하고, 시를 들은 친구들이 맛을 맞히는 식으로 진행했지요.

아이들은 시 발표를 듣자마자 어떤 맛인지 잘 알아맞혔습니다. 아이들은 시 공부를 할 때 글감이나 주제, 효과적인 표현에 머무는 활동을 많이 한 탓인지 처음에는 맛을 찾는다고 했을 때 당황했습니다. 하지만 시의 맛 찾기 활동이 시를 훨씬 더 재밌게 즐기는 방법이라고 느꼈다고 말하기도 했습니다.

시의 맛을 찾는 활동에 이어 모둠원들이 다 함께 한두 줄씩 이어 쓰는 릴레이 동시 쓰기를 했습니다. 여섯 명이 팀이 되어 무조건 앞에서 쓴 시에 이어지게 써야 했지요. 자기 차례가 되면 한 글자만 써도 되고 한 연을 써도 되었습니다. 가장 먼저 한 친구는 제목을 제시하고, 한 연을 쓰거나 한 줄을 씁니다.

한 모둠에서는 제목을 '나 자신'으로 쓰더니 '탕!' 한 글자만 썼습니다. 뒤이어 한 아이가 '선생님이 내 이름을 부르며 칠판을 치셨다.'라고 쓰더니 다음 아이가 '내 책상 위에는 물 웅덩이가 고여 있었다. 깜박 졸았나 보다.'라고 쓰고, 다음 아이가 '모든 친구가 나를 보며 비웃었다.'라고 썼지요. 다음 아이가 '내가 학교에서 잠을 자다니'라고 쓰니까 마지막 아이가 '나는 내가 너무 한심한 것 같다.'라고 쓰면서 시는 마무리되었습니다. 그렇게 완성한 시는 다음과 같습니다.

나 자신(1번 아이)

6학년 3모둠

탕!(1번 아이)
선생님이 내 이름을 부르며 칠판을 치셨다.(2번 아이)
내 책상 위에는 물 웅덩이가 고여 있었다.(3번 아이)
깜박 졸았나 보다.(3번 아이)
모든 친구가 나를 보며 비웃었다.(4번 아이)
내가 학교에서 잠을 자다니(5번 아이)
나는 내가 너무 한심한 것 같다.(6번 아이)

이렇게 아이들은 혼자서 시를 쓸 때보다는 가벼운 마음으로 릴레이 시를 써 나갔지만 읽고 또 읽어 가며 앞의 내용에 이어지게 쓰려고 노력했습니다. 그러다 보니 완성도 높은 시들이 꽤 나왔습니다. 또 처음 시작한 아이는 자신의 의도와는 전혀 다르게 시가 전개되는 것을 매우 재미있게 바라보며 자신이 처음 생각한 의도와 비교하면서 즐거운 경험을 했다고 말했습니다.

이 밖에도 하나의 동시를 행대로 잘라 다시 배열하는 동시 퍼즐이나 낭송회도 진행했는데, 동시로 하루 종일 노는 경험 자체로도 좋았지만, 평소에 동시랑 친해졌기 때문에 가능했던 활동이었습니다.

시 공부, 처음부터 제대로 시작하기

시의 필요성, 언제 느낄까?

아이들한테 시를 써 보자고 하면 많은 아이가 어려워합니다. 시가 무엇인지, 시를 어떻게 써야 하는지 모르기 때문이지요. 시 교육에도 체계가 없으므로 그토록 많은 아이가 시를 어려워하는 거 아닐까요?

말하기, 쓰기는 일정한 원리에 바탕을 둡니다. 시 교육도 마찬가지입니다. 원리에 바탕을 두고 이루어져야 하지요. 그런데 교육 현장에서는 '한번 써 봐라.' 하는 식의 가장 수준 높은 활동부터 요구합니다. 또 '나무를 제재로 시를 써 봐라.'처럼 자신이 표현하고 싶은 것과는 아무 상관이 없는 시 쓰기에 바로 돌입하기도 하지요. 시를 충분히 읽고 다양한 방법으로 감상하여 어떤 것들이 글감이 되는지, 또 어떤 표현 방법이 있는지를 충분히 익히면서 자신들이 표현하고자 하는 바를 찾아내도록 하는 체계가 필요한데도 말입니다.

쓰기는 읽기를 바탕으로 이루어지고, 읽기는 쓰기를 통해 완결되듯이, 시 읽기와 시 쓰기도 마찬가지입니다.

시를 쓰려면 많은 시를 읽고, 시에 대해 이해하면서
시적 상황을 찾고 그것을 쓰기로 연결해야 합니다.

그런데 쓰기에 중점을 두고 열심히 글감을 모아 시 쓰기에만 집중하다 보니 우연히 써 낸 생생한 시에 환호하기도 하지만 그런 우연은 자주 일어나지 않습니다.

시 쓰기에 앞서 시를 다양하게 접하면서 어떤 것들이 시가 되는지를 충분히 공부하도록 해야 합니다. 자신들의 삶에서 시적 상황들을 찾아내고, 그 상황을 가장 잘 표현할 수 있는 언어와 형식을 고르는 훈련이 필요합니다.

그래서 본격적인 시 수업에 앞서 시와 친하게 지내기, 시의 필요성을 느끼게 해야 합니다. 배움에도 필요성이 중요합니다. 가르치면서 자신에게 가장 많이 했던 말 중의 하나가 '이걸 왜 가르치지?'였습니다. 아이들도 교사에게 자주 하는 말 중의 하나가 "선생님, 이거 배워서 뭐 해요?"입니다.

시도 필요를 느끼는 것이 먼저입니다. 시의 필요성은 언제 느낄까요?

'이야~~ 어쩜 이렇게 내 마음을 읽듯이 대변해 줄까!', '나도 봤던 장면인데 나는 그런 생각 못 했는데……', '나도 이렇게 생각한

적이 있는데……' 하는 감탄이 나올 때 시의 필요성을 느낍니다. 시 한 편을 읽으며 말의 재미를 느끼는 것도 중요하지만, 자신이 살면서 경험하는 어떤 순간들이 시 한 편으로 표현되는 것을 느꼈을 때 시에 대한 필요성이 생깁니다.

초등 교육 과정에서는 시를 써야 한다는 강박에서 벗어나 이런 마음일 때는 이런 시가 있고, 이렇게 표현되었을 때 얼마나 많은 사람이 공감하는지를 경험할 수 있어야 합니다.

3학년 수업을 할 때입니다. 피피티 화면에 '고백'(《맨날맨날 착하기는 힘들어》, 안진영, 문학동네)이란 동시를 띄우자, 몇 명의 아이들이 키득키득 웃었습니다. 왜 웃는지 묻자, 아이들은 진짜 자기 이야기 같다고 했습니다.

'착하다 착하다' 말은 좋지만, 그 말이 얼마나 자신들을 옥죄는지 구체적으로 말하지는 못해도 그 말이 주는 부담감을 아이들은 충분히 느낍니다. 이 시가 바로 아이들의 그 마음을 건드려 준 것입니다. 이어서 좋은 말인데 가끔 자신들을 불편하게 하는 말들을 찾아보게 했지요. '양보해라, 이해해라, 동생이 보고 배운다, 형답게 해라, 잘하고 있지?' 등이 나왔습니다.

이처럼 자신들의 마음을 불편하게 하거나 마음에 걸리는 말에 대한 동시를 찾아보자고 했습니다. 교실에는 동시집 30여 권이 늘 비치되어 있어서 아이들은 저마다 동시집을 가져와 열심히 동시를 찾았지요. 놀랍게도 너무 많이 나왔습니다.

그렇습니다. 아직은 시로 뭔가를 표현하기는 어렵지만 시가 자신의 마음을 대변해 주고 있음을 실감할 수는 있지요. 그런 과정이 꼭 필요합니다. 그래서 아침마다 등교 전 아침이나 학교 오는 과정, 자신의 기분이 드러난 시를 찾게 하는 활동을 일주일에 두세 번씩 했습니다. 그러다 보니 아이들은 차츰 자신들이 보고 신기했던 것이나 얼굴 찌푸렸던 것이나 마음 무거운 것들에 대한 시를 찾았습니다. 시의 필요성을 느끼기 시작한 것이지요.

시가 뭘까? 스스로 답하게 하자

시를 공부하자고 했을 때 가장 먼저 툭 튀어나오는 질문이 "시가 뭐예요?"입니다. 시가 뭐라고 한마디로 정의하기는 어렵습니다. 그림책《다니엘이 시를 만난 날》과《마음이 퐁퐁퐁》은 이 질문에 답하기 좋은 책입니다. 이 두 그림책은 시란 무엇인지, 또 시란 자신이 만난 시적 상황들을 눈여겨보고 그것에 몰입해 보면서 자신의 마음을 표현하는 것임을 알려 준 좋은 다리가 되었습니다.

4학년 아이들과《다니엘이 시를 만난 날》로 시 수업을 시작했습니다. 이 책은 다니엘이 시 발표회를 일주일 앞두고 만난 다양한 동물들에게 시란 뭐냐고 묻는 형식으로 이루어져 있습니다.

거미는 '거미줄에 걸린 이슬방울'이라고 하고, 거북이는 '뜨거운 모래'라고 하는 등 각각의 동물들이 말한 시적 상황을 이야기합니다. 다니엘은 시 발표회 날 자신이 만난 동물들이 말한 시적 상황을 엮어 발표하는데 반응은 싸늘했지요. 집으로 돌아오는 길에 다니엘이 직접 만난 시적 상황, 연못에 비친 노을을 바라보며 자신의 시는 '연못에 비친 노을'이라고 말하며 끝을 맺습니다. 시적 상황은 다양한 감정이나 생각이 일어나는 상황입니다. 좋은 시는 자신이 직접 겪은 시적 상황에서 자신의 감정과 생각을 드러내는 것임을 이야기합니다.

아이들과 천천히 그림책을 읽고 시를 만난다는 것의 의미를 공유한 다음 다양한 시를 감상했습니다. 그러면서 시를 쓴 시인들이 시를 만난 상황이나 감정들을 찾아보고, 시를 만난다는 것의 의미를 확실하게 다져 나갔지요. 자신이 시를 만난 경험을 이야기하고 공책에 열 가지씩 쓰기도 했습니다. 시를 만난다는 것은 기쁨, 슬픔, 좌절처럼 다양한 감정들을 강하게 받은 것으로 정의하면서 글감을 모아 나갔습니다.

그런 다음 자신들이 공책에 적어 둔 시적 상황에서 진짜 시를 쓰고 싶은 것을 고르게 하고 시를 쓰게 했습니다. 시가 자신의 이야기를 얼마나 잘 드러낼 수 있는지를 아이들 시를 보면서 더욱 실감했습니다.

지후는 부모가 사소한 일로 다투는 것을 보고 시를 쓰면서 마음이 후련해졌을 것입니다. 또 학원 끝나는 시간만을 기다리는데 학원에서 조금 더 붙잡아 달라는 엄마의 전화에 대한 글을 쓰면서 준하는 얼마나 속상했을까요?

아이들은 이렇게 시가 내 마음을 대변해 준다는 것을 직접 체험할 수 있었습니다.

제3차 세계대전

4학년 김지후

당신 오늘은 왜 이렇게 늦게 와?
헉! 이 신호는 제3차 세계대전

책을 읽던 나는 얼른 침대 벙커에 들어갔다.
그리고 재빠르게 이불 문을 닫았다.
적군을 기다리는 군인처럼
내 심장이 시속 마하 30000으로 뛴다.

무슨 상관이야? 조금 늦게 들어오는 걸 가지고
뭐? 내가 미쳐!
핵폭탄이 터졌다.

동생이랑은 싸우지 말라더니
더 심하게 싸운다.
나는 전쟁 때문에
물건값이 오른 작은 나라 국민이 된 것 같다.

학원 끝나기 5분 전

4학년 박준하

학원에 갔다.
열심히 공부해서 학원 끝나기 5분 전이다.
그때, 학원 선생님께 전화가 왔다.
띠리링 띠리링, 엄마 전화다.
선생님, 우리 준하가 시간이 남아서 1시간 더 수업해도 되나요?
선생님 말씀
네, 준하 어머님, 가능해요.
헉!!
나는 내 귀를 의심했다.

시는 마음 나누기

2학년 아이들과는 《마음이 퐁퐁퐁》으로 시 수업을 했습니다. 이 책은 '퐁퐁'이라는 아기 돼지가 세상 구경을 하며 만나는 꽃, 나비, 새, 물고기, 거미, 구름, 노을, 달님과 마음을 나누는 이야기입니다.

아이들과 한 장면씩 읽으면서 퐁퐁이가 만나는 대상에게 어떻게 이야기하고 마음을 나누는지 살펴보았습니다. 퐁퐁이는 예쁜 것에는 예쁘다고 하고, 함께 춤도 추고, 혼자 있는 외로운 물고기에게는 친구가 되자고 하지요. 이렇게 하는 것이 마음을 나누는 것임을 아이들이 알게 했습니다.

그러고 나서 아이들과 학교 뒤 공원으로 산책하러 나갔습니다. 한층 가을이 무르익을 무렵이었습니다. 아이들에게 산책하며 만난 소리나 사물 등 다양한 대상과 마음을 나누는 이야기를 써 보라고 했습니다. 퐁퐁이처럼 마음을 나눌 대상을 잘 골라서 말을 걸 듯이 시를 쓰자고 했던 것입니다. 《마음이 퐁퐁퐁》을 읽은 직후라 그런지 아이들이 쓴 시는 훨씬 더 생생했습니다.

평소에 글쓰기를 무척 싫어하던 지유는 산책하면서 단풍잎이 떨어지는 걸 신나게 잡으러 다니다가 시를 단숨에 써 냈습니다. 낙엽이 녹는 것 같다고 했지요. 왜냐고 물으니 사르르 사르르 소리가 녹는 소리 같다고 했습니다. 낙엽 떨어지는 소리를 그렇게 표현할 수 있는 사람은 지유밖에 없다고 했더니 으쓱해했지요.

시 쓰기 교육의 원래 목적도 일상에서 만나는 다양한 상황과

낙엽이 떨어진다

2학년 한지유

낙엽이 떨어진다.
낙엽이 떨어지면서 녹는 것 같다.
낙엽이 떨어지면서 사르르 사르르 떨어진다.

나는 낙엽이 떨어지는 걸 잡고 싶은데
낙엽이 자꾸자꾸 빗나갔다.
그래도 난 가을이 제일 좋다.

감정, 생각 들을 표현할 기회를 주는 데 있습니다. 특히 저학년 아이들은 일상에서 만나는 다양한 대상과 마음을 잘 나눕니다. 산책하러 나간 날은 꽤 추웠습니다. 전날까지 가을 날씨답지 않게 포근했던 탓인지 철쭉이랑 장미가 피어 있었지요. 그것을 본 아이는 이렇게 시를 썼습니다.

떨어지는 단풍잎

2학년 박민준

떨어지는 단풍잎을 잡으려고 하는데
하나도 못 잡았다.
그런데 장미와 철쭉이 피었다.
장미는 여름에 피고 철쭉은 봄에 피는 건데……
장미야 철쭉아, 조금 있으면 겨울이야.
빨리 숨어!!

다음날 피피티로 만들어 화면에 아이들 시를 띄우고 낭송했습니다. 낭송회를 마치고 소감을 물으니, 아이들은 자신들이 쓴 시가 더욱 근사해지는 느낌이라고 했지요.

이처럼 아이들은 쉽게 만나는 대상을 지나치지 않고 놀 줄 알게 되었고, 이 모든 것이 시가 될 수 있음을 느낄 수 있었습니다. 또 시가 아주 가까이 있음을 느끼는 기회가 되었지요.

글감이 되는 경험 선사하기

아이들에게 시를 쓰기 위한 글감 공책을 만들라고 합니다. 시를 써야겠다는 상황을 써 보라고 하면 비어 있을 때가 많습니다. 왜 안 적었느냐고 물어보면 특별한 일이 없었다고 합니다. 어떤 특별한 상황이 아닌 일상에서 만난 것 중에서 찾아보라고 해도 아이들은 막막해합니다. 이때 글감이나 소재, 감정이 잘 드러난 시 몇 편을 보여 줍니다.

공기놀이

4학년 손혜진

공부 시간에
만지작 만지작
쉬는 시간 언제 오냐.
쉬는 시간 오면
친구들하고
한 시간쯤 하고 싶어.

-《쉬는 시간 언제 오냐》(전국초등국어교과모임 엮음, 상상정원)

먼저 이런 시에서 느껴지는 글쓴이의 감정이나 경험을 이야기하게 합니다. 그러고 나서 그런 감정이 올라오는 그 상황을 쓰면 시가 된다는 것을 느끼게 했지요. 아이들은 다양한 시를 읽으면서 시적 상황이 특별한 상황이나 특별한 언어로 하는 것이 아님을 느낄 수 있었다고 합니다.

학년군별 시 수업

저학년은 가볍게 접하면서도 재미를 느끼는 데 주안점을 둡니다. 입말 형식을 띠면서 아이들 입에 착착 붙는 시를 접하게 하면 좋습니다. 리듬이 있어서 읽다 보면 자연스럽게 노래하듯이 암송되는 시가 좋습니다.

중학년은 다양한 주제가 드러난 시를 경험하도록 합니다. 시가 되는 것들은 좋고 싫음 같은 다양한 감정, 생활 패턴, 음식, 들려오는 소리, 날마다 나눈 대화들입니다. 이런 다양한 글감이 다양한 주제와 형식의 시로 표현되지요. 생활에서 비슷한 경험을 했을 법한 시들을 다양하게 접하고 경험하게 해 주는 것이 중요합니다.

시는 아름다운 것만 체험하는 것이 아닙니다. 다양한 감정이나 상황에서 나에게 쿵 부딪쳐 오는 감정이나 상황을 정제해서 드러내는 것이 시가 될 수 있음을 체험하게 해야 합니다.

고학년은 글감과 주제를 구분하고 공감이 되는 점을 말할 수 있습니다. 따라서 효과적인 표현에 대해 찾아보고, 초보적이지만 효과적인 표현이나 비유적인 표현을 써서 표현하게 해 봅니다. 좋은 시를 알아볼 수 있는 안목을 길러 주고 진솔하게 잘 표현된 시를 찾아 많이 읽게 해 주면 좋습니다.

고학년 교과서에는 관념적인 시가 많이 나오는데, 그보다는 아이들이 생활 속에서 느끼는 감정을 잘 드러낸 시를 찾아 읽히는 것이 중요합니다. 한 연 한 연 감정을 따라가면서 글쓴이의 마음에 공감하게 한 후 글감과 주제를 찾아보고 이 시에 몇 점을 줄 수 있는지 생각해 보게 합니다. 가장 마음에 드는 연이라든지 가장 효과적으로 표현된 연이나 행을 찾아보게 하는 것도 고학년이 시를 깊이 읽는 하나의 방법입니다.

시 언어의 핵심은 상징성과 다의성이란 것을 염두에 두고 하나의 시어가 무엇을 의미하는지 알게 하면서 시어가 갖는 가치를 느낄 수 있도록 하면 좋습니다. 이 시기에는 또래들의 고민이 나타난 시, 토론해 볼 만한 내용이 나타난 시, 효과적인 표현이나 참신함이 드러난 시, 시적 비유나 상징이 드러난 시, 좀 더 넓은 세상을 보게 하고 삶을 깊게 보도록 하는 시들을 경험하게 하면 좋습니다.

시 수업의 3단계

시 수업은 보통 3단계를 거칩니다. 1단계는 확인하는 단계입니다. 주어진 시의 글감이나 주제, 시의 형태, 시어, 제목 등을 제대로 읽고 감상하는 단계이지요. 2단계는 시에서 말한 주제나 경험을 자기 경험에 비추어 보고 자신의 처지에 대치해 보는 자기화 단계입니다. 3단계는 자신이 시나 다른 방식으로 표현하는 확산 단계를 말합니다.

모든 시 수업을 1, 2, 3단계를 다 거치면서 할 필요는 없습니다. 또 그 경계가 분명하지 않을 때도 많기 때문에 모든 시 수업을 그렇게 할 필요도 없습니다. 하지만 1단계, 다시 말해 시의 감상에서 그치는 수업이 많아 아쉽기도 합니다.

시 수업은 먼저 1단계의 다양한 감상 전략을 통해 시를 깊이 읽게 한 뒤 2단계인 자기화 단계에서 시적 상황에 자신과 동일시하는 활동도 하고, 주어진 주제나 소재를 넘어 자기 경험을 표현하는 시 쓰기 활동까지 이어져야 합니다. 그래야 이해와 표현이 균형을 이룰 수 있습니다.

시 감상에도 전략이 필요하다

낭송은 시를 온몸으로 느끼게 한다

시는 소리와 리듬이 있는 언어 예술입니다. 따라서 낭송하지 않고 묵독만 하면 시의 느낌이 전혀 다가오지 않을 때도 있습니다. 예를 들어, 신민규 시인의 '운명 교향곡'(《Z교시》, 신민규, 문학동네)을 눈으로만 읽으면 지각해서 당황한 내용인데 왜 제목이 '운명 교향곡'일까 의구심이 듭니다. 하지만 운명 교향곡을 잠깐 들려주고 소리 내어 읽다 보면 저절로 운명 교향곡의 리듬을 타게 되면서 제목의 절묘함에 웃음이 납니다.

암송 또는 낭송은 자기 안의 또 다른 나와 소통하는 과정이자 타자를 이해하고 받아들이는 활동입니다.

> 암송하거나 소리 내어 낭송할 때 시가 온전히 자기 것이 되는 체험을 하게 됩니다.

시를 제대로 소리 내어 읽기만 해도 감상을 어느 정도 했다고도 할 수 있습니다.

행과 연의 의미 알게 하기

시에서 연과 행은 시가 갖는 독특함입니다. 연과 행은 시의 주제나 말의 리듬, 재미를 주는 좋은 형식이기도 하지요. 따라서 아이들에게도 연과 행이 갖는 의미와 힘을 체험하게 하면 좋습니다.

연이나 행으로 생각이나 이미지의 흐름이 어떻게 시작되고 이어지는지, 또 어떻게 매듭지어지는가를 알게 하는 것이 중요합니다. 행과 연이 분명한 시를 보여 주고 관련 활동을 하면 좋습니다.

예를 들어, 행과 연이 잘 드러난 이준관의 시 '나비'를 소개합니다. 이 시는 봄의 초입에서 민들레, 제비꽃이 듬성듬성 피어 있는데 나비가 그 위를 봄으로 가는 디딤돌처럼 딛고 간다고 묘사합니다. 디딤돌처럼 글자 하나를 행으로 배치해 시각적·청각적으로도 디딤돌처럼 표현한 시입니다. 소개할 때는 행과 연의 구분 없이 제시합니다. 함께 읽어 보고 각자 마음대로 행과 연을 나누어 발표하게 하는 것이지요. 아이들이 나눈 행과 연의 구분과 지은이가 나눈 행과 연을 비교하고 느낌의 차이를 알아봅니다. 마지막으로 원래 시의 행과 연의 느낌을 살려 낭송하면서 시의 행과 연이 주는 의미를 체험하게 합니다.

제목이나 시어 넣기

시는 가장 정교한 언어 예술입니다. 시를 통해 작은 언어의 차이가 어떤 의미의 차이를 가져오는지 느끼면서 언어의 민감성을 키울 수 있습니다. 제목이나 시어를 넣어 봄으로써 제목이나 잘 고른 시어가 갖는 의미를 생각하게 합니다.

예를 들어, '이 바쁜데 웬 설사'(《강 같은 세월》, 김용택, 창비)로 제목 넣기를 한다면 수업은 먼저 시 읽기를 하고 시적 상황을 파악하는 것부터 진행합니다. 시적 상황에 맞게 즉흥극을 할 수도 있고, 인물의 감정에 관해 이야기를 나눌 수도 있습니다. 당황스럽고 다급했던 상황임을 파악하고 그 곤란한 상황이 잘 드러나도록 제목을 넣어 보는 것입니다. 원래의 제목과 넣은 제목을 비교하면서 시의 제목이 갖는 힘과 효과를 체험하도록 합니다.

시 바꿔 쓰기

시 바꿔 쓰기는 모방이라는 부정적 의미보다는 시적 상황에 몰입해 자기 것으로 끌어들이는 과정이라고 생각하면 됩니다. 시를 바꿔 쓸 때는 주제에 관련된 자기 이야기를 할 수도 있고, 시의 일부를 바꿔 써 볼 수도 있습니다. 예를 들어, '미안해'라는 주제로 바꿔 쓰기를 한다면 자신이 미안했던 경험으로 시를 바꿔 쓸 수도 있고, 시의 일부를 바꿔 씀으로써 시를 더 풍부하게 할 수도 있습니다.

남호섭 작가의 '놀아요'(《놀아요, 선생님》, 남호섭, 창비)로 시 바꿔 쓰기 활동을 했습니다. 먼저 원래의 시를 감상하면서 시적 상황이나 주제에 대해 충분히 이야기를 나누었지요. 그러고 나서 놀자고 보채는 대목을 비우고 아이들이 그 부분을 채워 시를 바꿔 써 보도록 했습니다. 아이들은 시를 쓴 지은이의 입장이 되어 어떤 상황에서 어떤 마음으로 시를 쓰는지 체험할 수 있었지요. 아이들이 바꿔 쓴 시는 아이들마다의 개성이 들어간 또 다른 시가 되기도 했습니다. 그러면서 아이들은 시를 바꿔 써 보는 활동이 시를 적극적으로 감상하는 방법이 될 수도 있음을 알게 되었습니다.

시로 연극하기

시를 다른 장르로 바꿔 보는 활동으로 시적 상황에 깊게 몰입하는 방법입니다. 시를 읽고 시의 분위기와 각 연의 주인공 감정을 파악한 뒤 모둠에서 필요한 역할을 나누어 역할극으로 꾸며 보게 합니다.

먼저 시를 읽으며 시적 상황을 파악하고 연별로 시 속 인물이 느끼는 감정을 찾아보게 합니다. 그 상황에서 구체적으로 어떤 말들이 더 나올지 이야기해 보고, 나온 이야기를 극본으로 바꾸어 역할극으로 만듭니다. 대본을 만들 때는 모둠 친구들이 각자 쓴 뒤 좋은 대본을 골라도 되고 협동해서 하나의 대본을 만들어도 좋습니다.

연극을 만들 때는 서사가 잘 드러난 시를 고르면 좋습니다. 주동민의 '내 동생'이라는 시는 동생의 담임 선생님의 부름을 받아 동생반에 불려간 형이 동생이 구구단 좀 외우게 하라는 부탁과 질책을 받습니다. 부끄럽고 화난 마음으로 집에 왔는데 놀고, 먹고, 잠든 동생을 보며 구구단이 밉다는 내용의 시입니다. 이처럼 이야기가 있는 시로 대본을 쓰고 역할을 정해 연극을 하면서 시적 상황에 직접 들어가 보는 체험을 합니다.

시인이나 주인공에게 편지 쓰기

글쓴이나 주인공의 심정을 이해하고 자기 생각이나 느낌을 담아 등장인물이나 글쓴이에게 편지를 써 봅니다. 이는 시적 상황이나 주인공의 감정에 공감하며 몰입하게 하는 효과가 있습니다.

먼저 시 읽기부터 합니다. 시의 맥락을 파악하여 시적 상황을 충분히 파악한 다음 편지를 쓰는 과정에서 자신들의 비슷한 경험을 이야기하면서 공감력과 몰입감을 높이게 됩니다.

'말이 안 통해'(《아기 까치의 우산》, 김미혜, 창비)는 학교에서 돌아온 아이가 아파 보이는 토끼에 대해 엄마에게 걱정하는 말을 건

네지만 엄마는 시험, 숙제, 일기에 대한 질문만 합니다. 이 시를 읽고 아이들은 시 속 인물에게 위로와 공감의 편지를 썼습니다.

시 속 인물에게 편지 쓰기

미혜야, 너희 엄마도 그렇구나. 우리 엄마도 그래. 아니 세상 엄마들은 다 그런가 봐.엄마가 중요한 것만 먼저 말하고 내 이야기는 듣지도 않고 말이야.

그런데 나도 가끔 엄마 말 안 듣고 내 말만 막 할 때도 있어. 나랑 엄마랑 말이 통할 때도 많지만 정말 안 통할 때도 있지.

그런데 토끼는 어떻게 되었니? 아프지 않았으면 좋겠다.

일기 쓰기로 바꾸기

일기 쓰기는 시의 상황으로 완전히 들어가서 시를 온전히 자기 것으로 느끼는 활동입니다. 시를 읽고 시 속의 주인공이 되어 일기를 써 보라고 하면 아이들은 그 상황에서 그런 시가 나올 수밖에 없음을 이해하고 주인공의 마음을 충분히 공감합니다.

다음은 임길택의 '흔들리는 마음'(《할아버지 요강》, 임길택, 보리)을 읽고 쓴 일기입니다.

일기 쓰기로 바꾸기

오늘은 학원도 없는 금요일이다. 그래서 친구들이랑 모처럼 학교 운동장에서 신나게 축구를 했다. 땀을 뻘뻘 흘리며 신나게 집에 들어섰는데 아버지는 놀기만 한다고 종아리를 때렸다. 밥도 안 먹고 이불을 뒤집어쓰고 누워 있는데 아버지가 들어오셔서 눈물을 닦아 주고 종아리도 만져 주었다. 아버지랑 말도 안 하려고 했는데……

시 표현법 따라 하기

비유나 연상, 투사가 잘 나타난 시를 감상하고 그 표현 기법을 간단히 따라 해 보는 활동입니다. 이런 활동을 통해 시인이 왜 그렇게 비유했는지, 그 대상에 왜 투사했는지 느낄 수 있습니다. 따라 하면서 자기 생각을 비유나 투사, 연상을 통해 표현할 수 있지요.

조재도 시인의 '아름다운 사람'(《국어시간에 시 읽기 1》, 전국국어교사모임 엮음, 휴머니스트)은 비유법과 은유법을 써서 아름다운 사람에 대해 묘사하는 시입니다. 이 시를 읽고 시인처럼 아름다운 삶에 대한 표현법 따라 하기를 해 보면 시에 대해 깊이 이해할 수도 있고 시적 상상력을 경험할 수 있습니다.

시를 감상하고 나서 시인이 아름다운 사람을 무엇에 비유했는지 살핀 뒤 아름다운 사람을 보았거나 느꼈던 경험을 이야기로 나눕니다. 그러고 나서 자신이 생각하는 '아름다운 사람은 (   )이다.'라고 비유하여 표현해 봅니다.

'아름다운 사람은 (   )이다.'를 비유하여 표현하기

아름다운 사람은 구름이다.
목마른 사막 같은 곳에 비를 뿌려 주는 그런 구름이다.

아름다운 사람은 계곡이다.
흐르면서 많은 생명체를 만나고 그 생명들을 만나게 해 준다.

아름다운 사람은 클래식이다.
마음의 평화를 주는 클래식이다.

시 쓰기, 구체적인 방법을 일러 줘야 한다

시 쓰기는 초등학생들이 쓸 수 있는 구체적인 방법을 제시해 주는 게 좋습니다. 그냥 막연히 쓰라고 하기보다는 기존의 시를 바꾸어 써 보게도 하고, 자세히 관찰하거나 말을 걸어 보게도 해야 합니다. 또 빗대어 보기도 하고 사물의 마음을 짐작하여 써 보라고 할 수도 있지요. 이처럼 구체적인 방법을 제시하여 다양한 체험을 해 보게 하면 좋습니다.

바꿔 쓰기

바꿔 쓰기를 할 때는 제목이나 시의 내용에 감정이나 주제가 확실하게 드러나면 좋습니다. 예를 들어, '싫단 말이야', '닭들에게 미안해', '심심해서 그랬어', '엄마의 잔소리'처럼 일상생활에서 쉽게 체험할 수 있는 상황이나 주제 감정이 확실히 드러난 것이 좋습니다.

시 바꿔 쓰기를 할 때는 원래의 시를 읽고 느낌 나누기부터 합니다. 그러고 나서 아이들이 가장 공감하는 행을 각각 찾아 발표하게 한 뒤 원래의 시 형식에 맞추거나 나름대로 형식을 바꿔 시를 쓰게 합니다.

안도현의 '농촌 아이의 달력'(안도현, 봄이아트북스)을 시로 바꿔 쓰기를 했습니다. 이 시는 1월 성애 긁는 달로 시작해 12월 눈사람을 만들어 놓고 발로 한 번 차 보는 달로 끝나는 각 달의 특징을 쓴 시입니다. 이 시를 감상하고 6학년 아이들만의 열두 달을 표현하면서 바꿔 쓰기를 했습니다.

시 바꿔쓰기

13살 아이의 달력

6학년 김미소

1월은 안방에 꼭 박혀 있는 달
2월은 세뱃돈으로 지갑 두둑해지는 달
3월은 새 다이어리 사서 꾸미는 달
4월은 휴일이 없어 지루한 달
5월은 수련회 때문에 두근거리는 달
6월은 슬슬 방학을 기다리는 달
7월은 항상 우산을 준비해야 하는 달
8월은 방학도 지루해 친구가 보고 싶어지는 달
9월은 마음 다잡고 공부해 보자 결심하는 달
10월은 할머니네 감나무가 생각나는 달
11월은 눈은 안 오고 춥기만 한 달
12월은 기다리는 눈 때문에 하늘만 쳐다보는 달

사물에게 말 걸기

편지 쓰기는 아이들이 가장 쉽다고 생각하는 글쓰기 형식입니다. 그래서 아이들의 초기 독후 활동은 거의 다 짧지만 편지 형식입니다. 편지는 누군가에게 말 걸기인데 말을 걸기 위해서는 누군가에게 깊은 관심을 가져야만 걸 수 있습니다. 그래서 편지 쓰기는 어떤 대상에 관심을 두게 하는 방법이 될 수 있습니다.

저학년 아이들에겐 구체적인 대상을 지정해 주고 말을 걸어 보라고 합니다. 고학년 아이들에게는 말을 걸 상대를 자신들이 직접 정해 시를 쓰라고 하지요. 이때 먼저 사물에게 말을 거는 방식으로 쓴 시를 감상하게 한 뒤 활동에 들어가면 좋습니다.

수업은 말 걸기가 잘 드러난 시, 예를 들어 정지용의 '바람' 같은 시를 읽고 맥락을 파악하는 것부터 시작합니다. 시인은 어떤 대상에게 말을 걸고 있는지 찾아보고 자신이 말을 걸어 보고 싶은 대상을 정해 말을 걸어 보고 주고받은 말을 시로 쓰게 합니다.

말 걸기로 시 쓰기

진달래에게

3학년 박진솔

진달래야
너는 왜 얼굴이 빨개졌니?
친구랑 싸운 거니?
친구 얼굴도 빨갛게 되었구나.

기다리는 봄에게
봄아 봄아
너 지금 어디쯤 왔니?
우리가 기다리잖아.
빨리 와.

말 걸어오는 대상과 대화 나누기

먼저 나에게 말을 걸 대상을 찾습니다. 아이들한테 말을 걸어올 만한 대상을 살펴보면 지금 아이들의 관심사도 엿볼 수 있습니다.

어떤 대상이 나에게 말을 걸어올지 관찰하게 하고, 어떤 말을 걸어올지 상상하며 시를 쓰게 합니다. 정연이는 학원에 가기 싫은 마음에 학원버스가 말을 걸어오는 이야기를 썼습니다. 성호는 빈 집에서 숙제하다 컴퓨터를 하고 싶은 마음을 글로 썼지요.

학원버스

6학년 김정연

학원버스가
날 향해 달려온다.
입을 크게 벌리고 소리친다.
"빨리 타."
"싫어."
"어쩌려고?"
"그냥."
학원버스는 화가 났다.
입을 꾹 닫고 쌩~ 하니 가 버렸다.

컴퓨터

3학년 박성호

"뭐해?"
"숙제."
"아직 엄마 오려면 멀었어."
"그치? 엄마 오려면 아직 멀었지."

관찰하고 쓰기

관찰 대상을 정해 주기도 하고, 자유롭게 정하라고도 합니다. 관찰하면서 드는 생각을 자유롭게 쓰게 하지요. 관찰이 잘 드러난 시를 먼저 감상하게 합니다. 그러고 나서 관찰할 때 왜 그런 모양이나 모습을 하고 있는지 자세히 관찰하게 한 후 떠오른 생각을 시로 써 보게 합니다.

달팽이

3학년 박진영

비가 내린다.
꿈틀꿈틀
느릿느릿

가만히 더듬이 내밀고
친구 찾아
기웃기웃

아아 졸려
아아 졸려
더 가고 싶은데
집으로 들어가
새근새근

체험하고 쓰기

아이들이 체험할 때는 막연하게 관찰하기보다 오감을 다 사용하도록 합니다. 어떤 특정 감각을 이용하여 체험하고 글감을 찾게 해도 좋습니다. 시 수업은 경험이 잘 드러난 시를 골라 감상하고 특별한 감각을 이용하는 글감 찾기를 한 다음 그 글감으로 시를 쓰도록 합니다.

소리에 대한 특별한 체험이 잘 드러난 시를 소개해 봅니다. 교과서에 실린 윤석중의 '도깨비'란 시를 감상하고 소리에 대한 글감을 찾아오게 한 다음 그 소리가 들렸을 때의 상황과 생각을 충분히 드러나게 시 쓰기를 했습니다.

소라게

6학년 장지원

소라게 사 온 날부터
사각사각 툭툭
사각사각 툭툭
소라게들이 탈출해
성큼성큼 집게발을 들고
방으로 들어오는 거 아닐까?
등골이 오싹해 이불을 꼭꼭 덮고
잠이 오길 기다린다.

그래도 잠이 안 와
불을 켜고 살펴본다.
하지만 소라게들은
사과를 먹으며
모래를 밟으며
사각사각 톡톡
사각사각 톡톡
플라스틱 통 안을 서성일 뿐이다.

있는 그대로 쓰기

어떤 느낌이 들었을 때 그 느낌을 직접 말하지 않고 동영상을 찍듯이 그대로 써 보는 것입니다.

이안의 '월요일'(《고양이와 통한 날》, 이안, 문학동네)은 일주일 내내 학교와 학원을 쳇바퀴 도는 아이의 힘들고 지루한 마음을 일주일 일과표만 그대로 묘사해 인물의 감정을 잘 드러낸 시입니다. 묘사만 했는데도 주제가 잘 드러난 시를 읽고 나의 하루를 있는 그대로 정리해 보게 하면 한 편의 시가 완성됩니다.

우리 가족의 저녁 풍경

6학년 정하연

삑삑삑삑, 현관 키 누르는 소리에
우리들은 고개만 삐죽 내밀고
"아빠 왔어?" 하고
엄만 "저녁은?"
아빠 "밥 줘, 별일 없었어?" 하며 소파로 직행이다.
일찍 저녁 먹은 우리는 방안에만 박혀 있고
아빠는 텔레비전을 보며 저녁을 드신다.

엄마, "밥 먹고 그릇 싱크대 넣어 놔." 하며 나갈 채비를 한다.
아빠, "어디 가?"
엄마, "운동"
아빠, "같이 갈까?"
엄마, "웬일이래?"
아빠, "아이 귀찮다. 혼자 가. 올 때 시원한 맥주 한 캔."

엄마는 운동 나가고
아빠는 텔레비전 보고
우리는 방안에서 컴퓨터랑 논다.

지희 쌤
문해력
톡톡

Q 엄마도 시가 어려운데 아이에게 시를 어떻게 알려 주나요?

A 날마다 일정한 시간에 함께 동시를 읽어 보세요.

아이와 함께 동시를 읽다 보면 아이들은 자연스럽게 동시를 읽게 됩니다. 시란 자신의 이야기를 짧은 글에 담아도 그 마음이 어떤 마음인지 쉽게 이해되고, '맞아 맞아 그럴 때가 있어.' 하는 공감을 불러일으키는 것이라고 이야기해 주면 좋습니다. 특히 아이들이 직접 쓴 시를 많이 만나게 해 주세요. 또래 친구들이 쓴 시에 아이들은 더 깊이 공감하고 좋아합니다.

읽다가 마음에 드는 동시를 낭송하게 해도 좋고, 필사하게 해도 좋습니다. 그림책이나 동화를 읽다가 주인공에게 선물하고 싶은 동시나 시를 찾아보게 해도 좋습니다. 이런 과정 속에서 아이들의 시에 대한 이해가 깊어집니다.

아이들이 쓰기 어려워 할 때는 아이들 말을 받아 적고 그 옆에 아이들이 그림을 그리게 하면 아이들만의 좋은 시집이 됩니다.

이것만은 꼭!

시를 쓰는 다양한 방법

- 사물에게 말을 걸어 편지를 쓰듯 시를 써 봅니다.
- 사물이 나에게 어떤 말을 걸어올지 상상하며 대화하듯 씁니다.
- 관찰 대상을 정해 관찰하면서 드는 생각을 자유롭게 씁니다.
- 자신의 느낌을 말하지 않고 있는 그대로 영상을 찍듯이 씁니다.

정보를 재생산하는 설명글 수업

사고력, 다양한 정보 더미에서 나온다

설명글은 다양한 새로운 정보뿐만 아니라 자신이 기존에 알고 있는 정보를 수정하고 보충하는 재생산의 의미가 있습니다. 그렇게 재생산된 정보는 아이들 스스로에게 지식의 충만함을 선물하지만 논리적인 사고력의 바탕이 되기도 합니다. 그래서 이런 정보글에서 사용되는 어휘, 글을 쓰고 표현하는 방법도 익혀야 합니다.

3학년부터는 본격적으로 갈래에 대한 학습이 시작되고 갈래가 분명한 글이 나옵니다. 하지만 1, 2학년 아이들도 다양한 텍스트에서 정보를 찾아내고, 알게 된 내용을 요약하고 말할 수 있게 가르쳐야 합니다.

설명이란 어떤 정보나 지식을 다른 사람이 알기 쉽게 말해 주는 것을 말합니다. 따라서 설명글은 문학 텍스트와 달리 일상생활에서 늘 마주치는 언어 자료이자 언어 상황입니다. 내 짝꿍을 소개하는 것도 설명이고, 상급학교 진학을 위해 나의 에세이를 쓰는 것도 설명입니다. 또 내가 읽은 책에 관해 설명할 수도 있지요. 새 학기에 부모님이 "너희 담임 선생님은 어떤 분이니?"라고 물었을 때 대답하는 말이 설명이고, "이 요리 맛있다. 어떻게 만든 거야?"라는 질문에 답하는 것도 설명입니다.

우리의 일상생활이나 수업에서 다양한 텍스트를 수용하고 이해하며, 자신의 지식 크기와 인지 영역을 넓혀 나가는 것이 설명글이나 말입니다. 그런데 아이들은 이런 설명글이나 정보글 읽는 것을 어려워합니다. 그러다 보니 설명이 주로 되어 있는 과학이나 사회 교과를 특히 더 어려워하지요.

문해력은 문학 영역뿐만 아니라 다양한 영역과 상황, 교과에서도 확장해 줘야 합니다.

그런 의미에서 초등 국어 수업에서는 설명글 읽는 방법을 제대로 배울 필요가 있습니다. 설명글은 독해가 매우 중요합니다. 그래서 독해력을 키우는 것이 무엇보다도 중요하지요. 독해력은 어휘를 늘려서 키울 수도 있고, 배경지식을 쌓아서 키울 수도 있습니다. 또 글의 형식을 익히면서 독해력을 키울 수도 있습니다. 설명글 형식을 알고 익히면 수월하게 설명글을 읽고 설명할 수 있기 때문입니다.

또 설명글은 설명 방식에 따라 읽는 방법이 달라서 그 방식을 익혀 두면 독해가 쉬워집니다. 설명 방식은 사고방식을 구조화하는 데도 도움이 되기 때문에 자신이 설명해야 하는 상황에서도 정보를 구조화하고 설명함으로써 표현력도 높아집니다.

설명글을 독해하는 데 필요한 전략으로 배경지식을 활성화하는 전략이 있습니다. 또한 설명글의 설명 형식에 따라 구조화하여 파악함으로써 새 정보를 조직하는 전략을 들 수 있습니다.

배경지식 활성화 전략은 글을 쉽게 이해하기 위해서 배경지식을 적극적으로 활용하는 전략을 말합니다. 글을 읽기 전에 글과 관련된 지식과 경험 떠올리기, 이미 알고 있는 것을 바탕으로 추리하기, 자신의 생각과 견주며 읽기는 배경지식을 적극적으로 활용하는 방식입니다.

새 정보를 조직하는 전략은 정보의 핵심 내용을 정리하는 것입니다. 새 정보를 간단하고 명료하게 정리하기 위해서는 글의 짜임, 즉 형식을 분석하여 그 짜임에 맞게 읽어야 합니다. 또 새롭게 알게 된 사실을 기존에 알고 있던 지식과 재구조화하여 새로운 지식의 덩어리를 만들어 내는 전략입니다.

설명글 수업의 중점 방향

첫째, 친숙한 것에서 설명적인 요소를 찾아내게 합니다.

그림책이나 이야기책으로도 설명글을 배울 수 있습니다. 이야기나 그림책 본연의 맛을 충분히 느끼고 주제와 관련된 활동을 하면서 설명적인 요소를 분석하고 나면 더 분명하게 주제가 다가오기 때문입니다.

예를 들어, 《누가 내 머리에 똥쌌어?》(베르너 홀츠바르트, 사계절)를 읽는다면 갖가지 동물의 똥 모양이나 생김새를 요약하게 해도 좋습니다. 그러고 나면 두더지가 복수한답시고 손톱 같은 작은 똥을 정육점 개 한스의 머리에 싸고 땅속으로 돌아가는 장면이 훨씬 실감 나게 읽힙니다. 이런 활동을 1학년부터 꾸준히 하면 설명글이나 정보글이 어렵지 않게 다가옵니다.

둘째, 정확한 묘사와 설명하는 어휘를 익히게 합니다.

그림책 《그럴 때가 있어》(김준영, 국민서관)는 아무런 이유 없이 해야 할 일을 하기 싫을 때, 동물 친구들이 그 마음에 공감하며 어떻게 해야 할지를 일러 주는 책입니다. 말을 잘하는 앵무새도 가끔은 말하기 싫고, 수영을 잘하는 물개도 가끔은 물에 들어가기 싫다고 하지요. 동물 친구들은 이렇게 말합니다.

"아무리 하려 해도 잘 안 될 땐, 괜찮아. 너무 애쓰지 않아도 돼. 누구나 그럴 때가 있는걸." 이 책을 읽어 줄 때도 주제 관련 이야기를 나눕니다. 각 동물의 특징을 간단하고 정확만 말로 묘사하게 함으로써 사실적인 묘사나 어휘를 익힙니다.

셋째, 새로운 정보를 정리하게 합니다.

《고작 2℃에…》(김황, 한울림어린이)는 평균 2℃ 상승으로 사람과 식물, 곤충, 바다거북, 판다, 물범과 같은 동물들에게 어떤 변화가 일어날지를 보여 주는 환경 그림책입니다. 이 책을 읽을 때도 환경 문제의 심각성을 알려 주는 것도 중요하지만 평균 2℃ 상승이라는 기후 변화가 식물이나 곤충, 바다거북, 판다, 물범에게 어떤 영향을 주는지를 정리하게 하면 주제에도 깊게 접근할 수 있습니다. 한두 쪽의 장면을 보여 주고 알게 된 사실을 정리하라고 해도 상당히 많은 정보를 알게 됩니다.

넷째, 정보도 정서적인 감동을 줄 수 있음을 느끼게 합니다.

알게 된 사실, 인지적인 정보도 감동을 줄 수 있습니다. 책을 읽을 때 배경지식이 될 만한 것을 찾게 하거나 관련 지식 정보 책을 읽게 합니다. 지식은 더 큰 울림을 주고 이후 삶의 태도를 변하게 만들지요. 지식 텍스트로 정보를 얻은 뒤 문학 작품을 읽으면 그 작품이 전혀 새롭게 읽힙니다.

아이들은 동물을 매우 좋아합니다. 동물을 소재로 하면서 흥미와 감동을 줄 만한 설명글을 학습할 때면 아이들의 눈은 한층 더 반짝이지요. 《위대한 동물사전》(마르셀로 마잔티, 라임)은 다양한 분야에서 큰 역할을 한 동물들을 소개한 책입니다. 우주로 간 라이카나 감염병에서 아이들을 지켜 낸 발토와 같은 동물의 활약상을 정리한 글입니다.

다섯째, 반드시 '무엇'에 대한 정보인지 알게 합니다.

세탁기 사용 설명서를 읽을 때는 세탁기를 어떻게 사용해야 하는지 궁금하기 때문에 그 글이 아주 잘 읽힙니다. 하지만 세탁기에 대한 정보라는 설명 없이 세탁기 사용법을 읽는다면 잘 읽히지 않을 것입니다. 그래서 설명글을 배울 때는 설명하는 주제에 대한 사전 안내와 배경지식 활성화가 필요합니다.

여섯째, 설명글의 짜임을 익히게 합니다.

본격적인 설명글을 배울 때는 설명글의 짜임을 익히게 해야 합니다. 어떤 글이든 글은 일정한 형식을 갖추게 되는데, 설명글은 이러한 짜임이 분명했을 때 설명하고자 하는 것을 정확하게 설명할 수 있습니다.

배경지식 활용하여 설명글 읽기

배경지식이 있으면 글을 훨씬 수월하게 읽고 이해할 수 있으므로 배경지식을 독서에 적극 활용해야 합니다. 따라서 다룰 주제들에 대해 충분히 숙지하고 함께 읽을 자료를 넣어 함께 읽기로 수업을 계획해도 좋습니다. 특히 교사도 생소한 주제라면 그에 대한 충분한 사전 지식을 교사가 미리 정리해 보는 것도 좋고 그와 관련된 다른 갈래의 글을 읽어 봐도 좋지요.

아이들도 글을 읽기 전에 글과 관련된 지식과 경험 떠올리기, 글을 이해하기 위해 이미 알고 있는 것을 바탕으로 추리하기, 이미 알고 있는 자기 생각과 견주며 읽기는 배경지식을 활용하며 설명글을 제대로 읽는 데 효과적입니다.

내용 예측하기

핵심 내용을 담은 몇 개의 문장에 미리 반응하게 함으로써 글의 내용이나 자신의 배경지식을 점검하는 전략입니다. 이 전략은 제재와 관련된 배경지식을 끌어내도록 도와주고 글을 읽을 때 긴장감을 놓치지 않도록 해 줍니다. 내용을 기억하는 데도 유용할 뿐만 아니라 잘못된 개념을 바로잡는 기회가 되기도 하지요.

설명하는 글을 읽는다면 먼저 핵심 내용을 담은 문장 읽기를 합니다. 문장이 옳은 정보라고 생각하면 ○, 틀린 정보라면 ×, 애매한 정보라면 △로 표시합니다. 먼저 사전 지식에 대한 것들을 점검하고 주 텍스트를 읽으며 자신이 표시한 것이 맞는지 확인하고, 잘못된 문장은 고칩니다.

예를 들어, 마라톤 내용 예측하기 활동지를 다음과 같이 제작하여 활용하는 것입니다.

내용 예측하기 활동지

<마라톤에 대하여>를 읽기 전에		
마라톤에 대한 다음 문장을 읽고 '그렇다'라고 생각하면 ○, '아니다'라고 생각하면 ×, 잘 모르겠으면 △를 표시하세요.		
읽기 전		읽는 중 또는 읽은 후
(　　)	마라톤 경기는 전쟁에서 유래했다.	(　　)
(　　)	거리가 42.195km가 된 것은 영국의 여왕 때문이다.	(　　)
(　　)	마라톤 코스는 편도, 왕복, 순환, 주회 4가지가 있다.	(　　)
(　　)	마라톤에서는 '최고 기록'이라는 용어를 쓴다.	(　　)

KWL 방식으로 읽기

배경지식을 활용하여 이미 알고 있는 것과 새롭게 알게 된 것을 종합하여 자신의 정보를 확장하는 읽기 전략입니다.

글을 읽기 전에 주제와 관련하여 자신이 알고 있는 것이 무엇인지 확인하고, 글을 통해 알고 싶은 것이 무엇인지 생각하는 것은 매우 중요합니다. 주제와 관련하여 알고 있는 것(K)과 알고 싶은 것(W), 알게 된 것(L)을 기록하며 읽는 전략입니다.

예를 들어, 마리 퀴리에 대한 정보글을 읽는다고 했을 때, 마리 퀴리에 대해 기존에 알고 있던 것 쓰기(K), 알고 싶은 것 쓰기(W), 마리 퀴리에 대한 새로운 정보를 찾아 쓰며 읽기(L)로 하면 됩니다. 알고 있던 것과 새롭게 알게 된 사실을 정리하여 마리 퀴리에 대해 나의 정보가 새롭게 재구조화되고 재조직되는 읽기 방식입니다.

KWL 방식으로 읽으면 새롭게 알게 된 것들을 아주 명확히 하면서 자신의 정보가 재구조화됩니다.

KWL 방식으로 읽는 활동지

마리 퀴리에 대해	
K(알고 있는 것)	여성 과학자다. 여성 최초 노벨상을 받았다. 방사능을 연구했다.
W(알고 싶은 것)	어떤 병을 앓았나?
L(알게 된 것)	
마리 퀴리에 대한 위의 정보들을 모아 설명해 보세요.	

KWL 읽기는 설명글에서만 사용할 수 있는 것이 아니라 동화나 그림책, 수학이나 과학 등 다른 교과 시간에도 활용할 수 있습니다.

예를 들어, 구름을 주제로 공부하는 과학 시간이면 구름에 대해 알고 있는 것(K), 알고 싶은 것은 넘어가더라도 그날 수업을 통해 알게 된 것(L)을 정리하고 발표하면 어렴풋하게 알았던 지식이 분명해집니다.

브레인스토밍하기

주제에 대해 알고 있는 것들을 자유롭게 이야기해 보고, 읽으면서 새롭게 안 사실들을 마인드맵 식으로 정리해 나갑니다.

예를 들어, '나무는 좋다'는 텍스트를 읽을 때도 글을 읽기 전에 나무의 좋은 점을 미리 확인하고, 바탕글 읽으며 나무의 좋은 점에 대해 더 알게 된 점을 이야기하고, 알게 된 정보를 바탕으로 간단하게 설명글을 쓰거나 계절별로 나무의 좋은 점을 찾아 작은 책 만들기 등을 할 수 있습니다.

설명글, 짜임을 파악하고 읽어라

설명글을 쉽게 읽고 이해하고 정보를 자기 것으로 습득하기 위해서는 설명글의 짜임을 파악하고 읽으면 수월합니다.

설명글에서 짜임을 아는 것은 매우 중요합니다. 짜임을 알면 읽을 때 설명하는 핵심 내용 중심으로 정리할 수 있어 독해력의 바탕이 됩니다. 또 설명하는 말을 할 때나 글을 쓸 때 자신이 설명하고자 하는 것을 조직화할 틀을 사용할 줄 아는 것이므로 명확하게 전달할 수 있습니다.

설명글은 설명하는 방식에 따라 몇 가지 짜임이 있으며, 그 짜임을 파악했을 때 설명하고자 하는 것이 무엇인지 설명의 핵심 내용을 간추리기 쉽습니다.

비교 대조 짜임

두세 가지 대상을 비슷한 점이나 차이점을 중심으로 설명하는 방식입니다. 주로 차이점을 말하는 비교 대조 방식이 있으며, 공통점과 차이점을 동시에 제시할 수도 있습니다. 여러 나라의 응원 문화를 비교 대조 방식으로 설명하기도 하고 여러 나라의 명절이나 특별한 날을 기념하는 방식의 글도 비교 대조 방식으로 설명할 수 있습니다.

정보글뿐만 아니라 그림책, 생활글이나 동화도 이러한 비교 대조 짜임으로 이야기를 만들기도 합니다. 또 악어와 닭의 공통점을 이야기로 쓴《아주 신기한 알》(레오 리오니, 마루벌)도 악어와 닭의 공통점을 찾고 차이점도 떠올리며 읽으면 책이 훨씬 재미있게 다가옵니다.

원인 결과 짜임

어떤 현상에 대한 원인을 밝혀 원인과 결과를 관련지어 설명하는 방식입니다. 원인 결과 짜임은 동화나 그림책을 읽을 때도 적용할 수 있습니다.

‘왜?’라는 질문을 하면서 읽으면 인물의 행동 배경이 나 사건의 원인을 파악할 수 있습니다.

《괴물들이 사라졌다》를 괴물들이 사라진 결과에 대한 원인을 명료화하며 읽기 시작하면 책에 대한 이해가 분명해집니다.

‘설인 예티는 왜 사라졌을까?’, ‘갓파는 늪지대에서 왜 사라졌을까?’와 같은 질문을 미리 주고 읽으면서 결과를 정리하게 합니다.

《SCIENCE 신비한 날씨 속으로》에 실린 ‘눈에 대해 알고 싶니?’라는 글도 원인 결과 짜임으로 쓰인 설명문입니다. 이 글로 핵심 내용을 파악하는 활동을 할 수 있습니다.

원인 결과 짜임 설명글

눈에 대해 알고 싶니?

눈은 왜 어떻게 해서 내릴까?
구름 속에는 아주 작은 얼음 알갱이들이 모여 있습니다. 그런데 이 얼음 알갱이에 물방울들이 증발해서 달라붙기도 합니다.

그럼 어떻게 될까요? 얼음 알갱이가 점점 무거워집니다. 이렇게 무거워지다 보면 땅으로 떨어질 수밖에 없습니다. 얼음 알갱이들이 떨어지는 동안에도 수증기나 물방울들이 자꾸 붙어서 점점 커집니다. 그렇게 아래로 떨어지다가 날씨가 추우면 눈이 되고, 따뜻하면 비가 되는 것입니다.

알쏭달쏭, 눈송이의 비밀

현미경으로 눈송이를 보면 대부분 육각형 모양의 결정체를 이루고 있습니다. 그러나 눈송이 중에서 똑같이 생긴 건 하나도 없습니다. 왜냐하면 눈송이는 그때그때 기온이나 수분의 양에 따라서 모양이 제멋대로 바뀌기 때문입니다. 기온이 높고 습기가 많으면 아주 세세한 별 모양이 되지만, 그 반대의 경우엔 아주 단순한 모양이 됩니다.

눈사람 만들기에 좋은 눈은?

눈사람을 만들다 보면 잘 뭉쳐지는 눈도 있지만 어떤 눈은 잘 안 뭉쳐지기도 합니다. 같은 눈이라도 성질이 다 똑같지는 않기 때문입니다. 예를 들어, 함박눈은 가루눈보다 훨씬 잘 뭉쳐집니다. 왜냐하면 함박눈은 습기가 많기 때문입니다. 하지만 가루눈은 춥거나 수증기가 적은 날 내리기 때문에 결정이 아주 단단하고 가늘어서 잘 뭉쳐지지 않습니다. 남극처럼 몹시 추운 곳에서는 가루눈이 내립니다.

눈을 밟으면 왜 뽀드득 소리가 날까?

이른 아침 아무도 밟지 않은 눈길을 걸어 보세요. 그럼, 발밑에서 뽀드득뽀드득 하는 소리가 들립니다. 왜 이런 소리가 날까요? 발에 밟힌 눈이 녹지 않고 부서지기 때문입니다. 부서지면서 서로 마찰을 일으키는 바람에 뽀드득뽀드득 하는 소리가 나는 것입니다.

함박눈이 오는 날은 왜 주변이 조용해질까?

함박눈이 내리는 날 밖에 나가 보면 왠지 고요하고 귀가 먹먹해지는 느낌이 듭니다. 실제로 눈이 내려서 조용한 걸까요? 아니면 단지 그런 느낌이 드는 것뿐일까요?

그건 눈의 입자들 사이에 수많은 작은 틈이 있기 때문입니다. 실제로 눈은 약 90% 정도가 공기의 틈새로 이루어져 있습니다. 그런데 이 틈새가 바로 소리를 흡수하는 역할을 합니다. 그러니까 눈이 내리면 저 멀리서 친구가 큰 소리로 불러도 그 소리가 눈의 틈새에 부딪혀 이리저리 반사되기 때문에 작게 들리는 것입니다.

이런 글을 읽을 때도 '함박눈이 오는 날은 왜 주변이 조용해질까?', '눈을 밟으면 왜 뽀드득 소리가 날까?' 같은 핵심적인 질문을 주고 그 현상이 일어난 결과를 찾게 합니다.

수집 나열 짜임

어떤 정보들을 나열하는 구조입니다. 이런 글의 짜임은 비교적 간단한 짜임이라 글의 이해가 쉬우므로 짜임에 맞게 글을 읽고 자신의 정보로 재구성하면 좋습니다.

수집 나열 짜임 설명글

나무는 우리에게 여러 가지 이로움을 준다.
첫째, 나무는 우리에게 여러 가지 맛있는 열매를 준다.
둘째, 나무는 자연재해에서 우리를 안전하게 지켜 준다.
셋째, 나무는 우리에게 신선한 공기를 공급하여 우리가 건강하게 생활하도록 돕는다.
넷째, 나무는 우리가 집을 짓는 데 없어서는 안 될 중요한 자재가 되어 준다.

분석 짜임

시간의 흐름, 일의 순서에 따라 쓴 설명글 또는 하나의 주제에 대해 작은 주제를 정해 세세하게 분석하며 쓴 글을 말합니다. 장난감 조립법이나 음식 만드는 법, 약 설명서 등이 여기에 속합니다.

분석 짜임 설명글

벨루가를 아시나요? 벨루가는 고래의 종에 속하지만 고래는 아닙니다. 벨루가는 몸길이는 6m 정도로 일반 고래보다 덩치가 작습니다. 벨루가는 사람을 유난히 좋아하고 얼굴에 근육이 있어서 미소를 지을 수 있습니다. 또 고래들이 이빨이 없이 수염이 있는 것과 달리 벨루가는 엄청 큰 이빨을 가지고 있습니다.

문제 해결 짜임

문제 해결 짜임은 어떤 문제가 어떤 과정을 거쳐 어떤 결과를 가져왔는가를 설명하는 짜임입니다. 이 짜임은 실험 보고서나 어떤 일의 결과 보고서에서 많이 쓰입니다. 아이들의 일상에서는 수학 문제를 해결하는 과정에서 가장 많이 쓰입니다. 1학년 아이들도 10이 넘는 덧셈이나 받아 올림이 있는 덧셈에서 묶음과 낱개를 넘나드는 원인을 설명하고 어떻게 해결하는지 설명합니다. 문제 해결 짜임으로 된 글을 읽음으로써 문제 원인과 결과를 엮는 논리적인 사고력이 생깁니다.

문제 해결 짜임 설명글

20세기 초반의 일입니다. 미국 알래스카주 북극과 가까운 놈이라는 마을에 1000여 명이 살고 있었습니다. 그런데 그 마을 아이들 모두가 치명적이면서 전염성이 강한 디프테리아에 걸리고 말았습니다. 그런데 그 마을에는 백신도 남아 있지 않았고, 백신을 구하러 가기 위해서는 경비행기나 철도를 타고 가야 하는데 추운 날씨 때문에 비행기도, 기차도 운행을 할 수 없었답니다.

그래서 1000km 떨어진 지역으로 백신을 가져오기 위해 개썰매팀을 파견하기로 했습니다. 개썰매팀이 간다 해도 너무 멀어서 일정 구간을 한 팀이 가면 다음 팀이 이어받아 가기로 했는데 그중에서 '발토'라는 썰매개가 준비 되지 않는 다른 구간까지 달리며 헌신하여 백신을 구해 왔고, 그 덕분에 마을 아이들의 목숨을 구했다고 합니다.

개념 설명 짜임

개념 설명을 읽고 그 개념에 대한 자신의 인지가 형성되는 것이 핵심입니다. 따라서 개념 설명 짜임은 모든 교과와 학습 과정에 적용되므로 익숙해져야 합니다. 이 짜임에 익숙해지려면 '배움 공책'을 활용하면 좋습니다. 그날 배운 교과 내용 중 중요한 개념을 자신의 언어로 정리하는 것입니다. 일반적으로 아이들이 정리했으면 하는 개념 한두 가지를 제시합니다. 정리를 어려워하는 아이들은 교과서의 해당 부분을 다시 보며 정리하게 합니다.

개념 설명 짜임 설명글

지구 온난화

지구 온난화의 뜻 : 지구 온난화는 지표 근처의 대기와 바다의 평균 온도가 계속 상승하는 현상입니다. 과학자들은 사람들이 화석 연료를 많이 사용하고 숲을 함부로 파괴하여 지구 온난화가 발생한다고 주장합니다.

지구 온난화의 피해 : 지구 온난화가 심해지면 남극과 북극의 빙하가 녹아 해수면이 높아져 섬나라나 해안 도시는 물에 잠기게 됩니다. 남태평양의 작은 섬나라 투발루는 바닷물이 차올라 사람들이 살 수 있는 땅이 계속 줄어들고 있습니다.

또 기후가 변화하면서 폭풍, 홍수, 가뭄과 같은 자연재해로 인한 피해가 심해지고 있습니다.

분류 짜임

글을 읽고 분류 기준을 스스로 발견할 수 있는가가 핵심입니다. 분류 기준은 시간이나 시대일 수도 있고, 파충류나 양서류 같은 종일 경우도 있습니다. 분류 짜임의 글을 읽고 분류 기준을 찾아내서 분류하면 되지만 설명글이 익숙하지 않는 아이들은 분류 기준을 찾기 어려워하므로 처음에는 분류 기준을 교사나 어른이 제시해 줘도 됩니다. 차츰 익숙해지면 스스로 분류 기준을 찾아보고 분류할 수 있도록 하는 것이 중요합니다.

분류 짜임 설명글

계절에 따라 피는 꽃의 종류가 달라진다. 따듯한 햇살을 받는 봄의 뜰에는 온갖 꽃이 핀다. 날씨가 따뜻해지면 뜰에 있는 나무에도 꽃봉오리가 맺히기 시작한다. 매화나 산수유꽃이 가장 먼저 피어 은은한 향기로 봄이 왔음을 전해 주기도 한다. 개나리, 목련, 자목련들의 나뭇가지에는 꽃이 잎보다 먼저 핀다. 꽃이 다 피면 잎이 나온다.

여름이 되면 햇살도 뜨겁고 더위도 심해진다. 이러한 가운데서 가장 눈부시게 꽃을 피우는 것이 해바라기와 백일홍, 채송화이다. 나팔꽃, 봉숭아, 글라디올러스, 장미, 수국 등의 꽃나무들도 아름다운 꽃을 피운다.

하늘이 파랗고 아침저녁으로 선선한 바람이 불기 시작하면 가을이다. 가을에는 국화, 코스모스, 다알리아 등의 꽃이 핀다. 뜰의 나무는 가을에 단풍잎이 모두 떨어져 말라죽은 나무처럼 보인다. 그러나 겨울에도 동백나무, 매화나무, 포인세티아 등에서 꽃이 핀다.

설명하는 말하기와 글쓰기

설명하고자 하는 것을 분명히 한다

국어 교육 과정이나 교과서에 나오는 내용에는 아이들이 쉽게 설명하기 어려운 것들이 많습니다. 또 그 주제에 대한 설명을 어떻게 하면 좋은지, 정보를 어떻게 구성할지에 대한 충분한 안내도 없습니다. 무엇보다 가장 난감한 것은 설명의 대상들이 본인들의 생활과 동떨어져 있어 아이들이 설명할 필요성을 느끼지 못한다는 데 있습니다. 그러다 보니 읽고 나서 말하기나 글쓰기로 이어지면 새로운 정보가 자신의 지식으로 재구성되어야 하는데 그 단계까지 나아가지 못합니다.

따라서 교과서에 나온 주제를 설명하는 방식으로 말하거나 쓰게 하는 것보다 일상에서 쉽게 만나는 주제로 말하기나 글쓰기를 익히게 하면 좋습니다. 설명하는 글이나 말에서 설명하고자 하는 것을 분명히 하는 게 중요합니다.

설명글을 쓸 때 첫째로 염두에 둘 것은 설명하고자 하는 것이 무엇이며, 아이들의 말로 설명할 수 있는가입니다.

《괴물들이 사라졌다》는 아이들이 정말 흥미로워하는 책입니다. 지구상에 살았다고는 하지만 정확한 생태 자료가 남아 있지 않거나 밝혀지지 않은 전설적인 괴물들이 지구 환경의 변화로 사라졌다는 이야기를 담고 있습니다.

아이들에게 이 그림책을 읽어 주고 자신이 가장 관심 있는 괴물을 조사하고 글을 써 보라고 했지요. 아이들은 아주 신나게 설명글을 썼습니다.

아이들이 관심 있는 해마, 공룡, 날씨, 빙하 등 자연 과학 동화를 읽고 자신만의 그림 동화책을 만드는 것도 구조적이고 분석적인 설명글 쓰기가 될 수 있습니다.

《괴물들이 사라졌다》로 쓴 설명글

설명하고 싶은 괴물	크라켄
생김새	작은 섬만 한 크기며 문어나 오징어를 닮음
사는 곳	아주 깊은 바다
행동의 특징	거대한 촉수를 사용해 배를 감싸곤 부서뜨려서 난파시킴
사라진 이유	해양 오염
위의 내용을 중심으로 설명하는 글 작성하기	

쉽고 짧게 쓰기부터 시작한다

설명글의 짜임 중 가장 쉬운 구조가 단순 수집 구조입니다. 따라서 처음 설명글을 말하거나 쓰는 아이들에게는 단순하게 한 문단 쓰기부터 하게 하면 좋습니다.

예를 들어, '나무'에 대한 설명글을 쓴다면 저학년은 나무의 좋은 점을 나열 구조로 말하거나 쓰게 하고, 고학년은 나무들의 식생 분포도에 대해 분석적으로 설명해 보라고 하는 것이지요.

분석적인 글도 쉬운 자료를 가지고 아이들에게 자주 쓸 기회를 주면 아이들은 곧잘 씁니다. 1학년 아이들이 좋아하는 곤충이나 동물에 대해 다양한 자료들을 읽고 그림과 더불어 알게 된 것을 친구에게 설명해 주듯이 정리하게 했습니다. 설명할 때는 정말 알려 주고 싶은 것만 짧게 쓸 것을 강조했습니다. 아이들은 동물 사전이나 과학 만화를 보고 그림도 그리고 설명도 쓰는데, 1학년 1학기에 한 활동이라고 믿기지 않을 정도로 잘했습니다.

이런 활동도 한두 번 하기보다는 탐구 주제를 바꿔서 하면 아이들의 설명글이 훨씬 더 정교해지고 설명하고자 하는 것이 명확해지는 것을 알 수 있습니다.

친구에게 알려 주고 싶은 것 소개하기

"얘는 사마귀야. 성충은 두 쌍의 날개가 있어. 삼각형 모양의 머리에 커다란 눈과 가늘고 긴 더듬이가 있어. 낫처럼 생겼으며 톱날 같은 가시가 촘촘하게 박혀 있어."라고 설명하고 있다.

"크기는 약 30cm, 특징은 뺨에 붉은 점이 있으며, 품종에 따라 흰색, 노란색, 회색 빛을 띤다."고 설명하고 있다.

특징이 드러나게, 다양하게 쓴다

설명하고자 하는 특징이 분명하게 드러나게 설명하는 방식입니다. 생김새나 습관, 특이한 생활 방식 같은 구체적인 항목을 제시하면서 설명합니다.

분석하고 설명글 쓰기

누구에게 설명하나요?	친구들	짝꿍 이름	최미나
짝꿍의 모습 (얼굴, 키, 몸집)	키가 작고 통통하고 곱슬머리이며 얼굴이 하얗고 예쁘다.		
짝꿍의 성격	착하고 그림을 잘 그리고 책을 많이 읽는다. 완전 울보다.		
짝꿍과 있었던 에피소드	준비물을 안 가져와서 맨날 내 것을 쓰는데 내가 못 쓰게 하면 아주 아주 큰 소리로 운다.		

위의 자료를 바탕으로 설명글 쓰기

최미나는 3학년 때 내 짝꿍인데 몸집이 조금 통통하고 작은 편이다. 곱슬머리인데 머리를 묶고 다녔다. 항상 베레모 같은 모자를 쓰고 다니고 얼굴이 하얗고 예뻤다.

책을 아주 많이 읽는 편인데 진짜 잘 운다. 지각해도 울고 뭘 안 가져와도 울고 선생님이 모른 척해도 울었다. 그런데 어느 날은 미술 시간에 색연필이랑 사인펜으로 그림을 그리는데, 내 사인펜을 마음대로 쓰길래 못 쓰게 했더니 교실이 떠나갈 듯 울고 미술 시간이 다 끝나도록 울었다.

그날은 선생님도 모른 척해서 나만 시끄러워 죽을 뻔했다. 미나가 울기 시작하면 모두 미나를 안 쳐다보고 모른 척한다. 그러다 울다 지치면 언제 그랬냐는듯 웃으며 논다.

그런 미나랑 5학년 때 다시 같은 반이 되었는데 미나는 완전 딴사람이 되어 있었다. 속상하면 엎드려 있기는 했지만 큰 소리로 울지는 않았다. 나는 그게 신기했다.

비유하여 설명하고 쓰기

짝꿍 이름과 언제 짝꿍인지 간단하게 소개	3학년 때 짝꿍 최미나
짝꿍을 무엇에 비유하고 싶은가?	물풍선
그렇게 비유한 까닭	툭하면 잘 울었고 한번 울면 엄청나게 큰 소리로 울어서
짝꿍이 비유한 것과 비슷하다고 느꼈을 때 또는 에피소드	자기가 준비물 안 가져와 놓고 내 것을 못 쓰게 한다고 한 시간 내내 울었던 일

위의 자료를 바탕으로 설명문 쓰기

3학년 때 짝꿍 최미나를 소개합니다. 최미나는 얼굴도 하얗고 귀엽고 책도 많이 읽는데 한번 울면 아주 큰 소리로 한 시간이 넘게 웁니다. 그래서 최미나는 물풍선 같습니다. 물이 들어 있는 풍선은 조금만 건드려도 펑! 하고 물이 쏟아지듯이 미나도 한번 잘못 건드리면 눈물주머니가 터져 온 사방으로 눈물이 흘러갑니다. 그리고 언제 울지 아무도 모릅니다.

내가 짝꿍이었을 때 미술 시간에 내 사인펜을 막 쓰니까 내가 못 쓰게 했었는데 엄청나게 큰 소리로 한 시간 내내 울었습니다. 누가 보면 내가 자기 사인펜 가져간 줄 알았을 것입니다. 그런데 그런 걱정은 없었습니다. 미나는 그렇게 자주 울 일이 아닌데 울어서 선생님도 미나가 울기 시작하면 그칠 때까지 못 들은 척했습니다. 울 만큼 울면 미나는 언제 그랬냐는 듯이 웃었습니다. 그래서 나는 미나가 제일 기억에 남습니다.

설명하는 주제가 분명하고 쉽게 자료를 구할 수 있다면 한두 가지 형식으로 한 대상을 설명하게 합니다. 그 과정에서 주제나 설명 대상에 따른 적절한 설명 방식을 발견할 수 있습니다.

개요를 짠다

형식에 맞는 개요 짜기를 합니다. 개요를 짜고 나서 말하거나 쓰게 되면 설명하고자 하는 것이 분명해집니다.

예를 들어, 인상 깊은 짝꿍에 대해 분석법과 비유법을 써서 설명한다고 하면 친구의 겉모습, 성격, 친구와 있었던 에피소드로 나누어 기본적인 자료를 표처럼 작성해 글을 써 보게 할 수도 있습니다.

KWL 방식으로 정리하고 글쓰기

주제에 대해 KWL 방식으로 정리를 하고 글을 씁니다. 자료글을 읽거나 찾아서 새롭게 안 사실을 정리하여 자신이 알고 있던 배경지식에 새로운 지식을 더해 자기만의 글을 완성하는 것이지요. 이렇게 정보를 재구조화하고 재생산하는 것이 정보글을 읽는 목적과도 맞습니다.

예를 들어, 헬렌 켈러에 대한 자료를 읽고 다음과 같이 정리하여 쓸 수 있지요. 헬렌 켈러에 대해 알고 있는 점 소개하기(K), 헬렌 켈러에 대해 궁금한 점 쓰기(W), 헬렌 켈러에 대해 새롭게 알게 된 점 쓰기(L)를 나누어 정리해서 쓰고 자기 관점으로 헬렌 켈러에 대해 글을 쓰는 것입니다.

KWL로 정리하고 쓰기

사회 운동가 헬렌 켈러 이름 :	
헬렌 켈러 하면 생각나는 것(K)	청각 시각 장애인이다. 설리번 선생님이 도움을 주었다. 5개 국어를 했다.
헬렌 켈러에 대해 궁금한 점(W)	청각 시각 장애인이 어떻게 말했지? 사회 운동가가 뭐지?
이 글을 통해 알게 된 점(L)	① 노동자들을 위해 일했다.
	② 인종 차별이나 여성 인권을 위해 일했다.
	③ 사회 운동가적인 면을 일부러 감추었다.
	④ 계속 감시를 받았다.

내가 소개하는 헬렌 켈러

여러분이 알고 있는 헬렌 켈러는 어떤 사람인가요? 장애를 극복한 사람, 대단한 사람 등이 떠오르겠지요. 하지만 헬렌 켈러는 이런 모습 외에 또 다른 모습이 있어요.

헬렌 켈러는 장애인 최초로 학사 학위를 받고 5개 국어를 습득하고 대학을 졸업했어요. 그 후로 제2의 헬렌 켈러의 인생이 시작되지요. 잘 알려지지 않았지만 헬렌 켈러는 노동자 권리 찾기, 여성 참정권 운동에 참여했고 인종 차별을 비판했던 사람이에요. 말도 잘 못하고 소리도 잘 듣지 못했지만 잘못된 걸 바로잡으려 한 진정한 사회 운동가였지요.

(이하 생략)

지희 쌤 문해력 톡톡

Q 이야기책은 곧잘 읽는 아이가 지식책을 읽지 않으려고 해요.

A 쉬운 지식 그림책부터 함께 읽고 짜임을 알려 주세요.

아이들은 비문학 텍스트 읽기를 사실 가장 힘들어 합니다. 그래서 꼭 읽히고 싶지만 쉽지 않습니다. 요즘은 아이들이 읽기에도 큰 부담이 없는 지식 그림책이 많이 나옵니다. 다양한 과학 그림책, 역사 그림책이 있습니다. 이런 책들을 함께 읽고, 그 책에서 얻은 정보를 정리하게 합니다. 새로운 정보를 알아가는 기쁨에 아이들은 신나게 읽고, 쌓여가는 정보 지식에 뿌듯해하며 책을 찾아 읽을 것입니다.

설명글을 읽거나 쓸 때 설명하기 좋은 틀이나 방식, 짜임을 알려 줍니다. 짜임을 알면 읽을 때 설명하는 핵심 내용 중심으로 정리할 수 있어서 독해가 쉽습니다. 설명글을 쓸 때도 명확하게 전달할 수 있습니다.

이것만은 꼭!

설명글 짜임의 종류

- 수집 나열 짜임 : 어떤 정보를 나열하는 구조로 효능, 효과, 이로움, 피해 등을 나열하는 방식
- 비교 대조 짜임 : 두세 가지 대상을 비슷한 점이나 차이점을 중심으로 설명하는 방식
- 분석 짜임 : 시간의 흐름이나 일의 순서에 따라 쓰거나 하나의 주제에 대해 작은 주제를 정해 세세하게 설명하는 방식
- 분류 짜임 : 일정한 기준으로 대상을 분류하여 설명하는 방식
- 개념 설명 짜임 : 개념을 풍부하게 할 수 있는 특성이나 사례를 들어 설명하는 방식
- 문제 해결 짜임 : 어떤 문제가 어떻게 해결되었는가를 설명하는 방식
- 원인 결과 짜임 : 어떤 현상이 어떻게 생기는지 설명하거나 어떤 일의 결과에 대한 원인을 찾아가는 방식

서로의 생각과 가치관이 만나는 주장글 수업

주장글을 제대로 배워야 하는 이유

주장글은 글쓴이의 가치관과 생각을 바탕으로 읽는 사람의 가치관이나 행동이 바뀌기를 바라며 쓴 글입니다. 따라서 주장글을 읽는다는 것은 글쓴이의 가치관에 따른 생각과 읽는 이의 생각과 가치관이 화학 작용을 하는 과정입니다. 서로 다르거나 비슷한 생각이 만나 상호 작용을 하면서 가치관을 확고하게 하거나 수정하게 하는 것이지요.

주장글을 읽을 때는 서로의 가치관과 생각의 상호 작용을 위해서 주장글이 주장하는 핵심을 파악하는 것이 우선입니다. 그리고 주장인지 사실인지 구분해야 합니다. 또 타당한 근거에 바탕을 둔 것인지도 살펴야 하지요. 사례나 해결 방안은 적절한지도 따져 가며 읽어야 합니다. 더 나아가 왜곡된 인식을 구분해 낼 수 있다면 비판적 문해력을 키우는 기회가 되기도 합니다. 특히 요즘처럼 가짜 뉴스가 너무 쉽게 퍼지고 다양한 주장이 화려한 영상으로 쉽게 전달되는 시대에 진실을 가려내는 능력을 키우는 것은 더욱 필요합니다.

서로 다른 생각이 만나 견주고 비판하면서, 때로는 자신의 주장을 입증하는 과정에서 생각이 더 확고해지기도 하고 수정되기도 합니다. 또 근거의 타당성을 따지거나 더 좋은 근거를 찾으면서 사고도 깊어지지요.

주장글은 서로의 생각을 맞대는 과정이므로 주제에 대한 사전 지식과 평소의 자신의 생각을 점검하는 것이 중요합니다. 주장글을 배울 때는 주장글의 주제를 미리 공지하고, 글을 읽기 전에 자신의 생각을 확인합니다. 글이 너무 어려운 주제일 경우, 사전 지식이 없으면 비판적 글 읽기가 잘 되지 않기 때문입니다.

예를 들어, 죽어서 떠밀려 온 거북이의 뱃속에서 수많은 비닐 조각이 나온 기사와 함께 비닐이나 플라스틱 사용을 줄이자는 주장이 나왔을 때 아이들은 '나는 별로 쓰지 않는데 뭘…….' 하며 가볍게 읽고 넘어가기 쉽습니다. 그러나 일상생활에서 알게 모르게 사용하는 플라스틱이 얼마나 많은지, 한 번 사용한 플라스틱을 없애는 데 얼마나 많은 시간이 걸리고 방법이 어려운지를 알면 생각이 달라집니다. 또 그 플라스틱이 바다로 흘러가고 쌓여서 우리나라의 16배에 달하는 플라스틱 섬들이 생겨나고, 그 플라스틱 중에 비닐을 해파리라고 생각한 거북이들이 먹게 되는 과정에 대한 사전 지식이 있다면 달라지지요. 주장에 동의할 뿐만 아니라 삶 속에서 플라스틱 사용 줄이기를 실천하고 나름 해결하려고도 할 것이기 때문입니다.

주제에 대한 나의 생각은 어떤지, 배경지식으로 활용할 만한 자료를 찾아보게만 해도 주장글 수업은 달라질 수 있습니다.

관점을 파악하는 훈련부터 시작하기

비판적 문해력을 키우기 위해서는 글이나 말에서 글쓴이의 관점을 파악하는 것이 매우 중요합니다. 따라서 관점이 무엇인지 알아야 하고, 글에서 관점을 파악하는 훈련이 필요합니다.

5, 6학년 교육 과정에 많이 등장하는 낱말도 관점입니다. 관점은 사물이나 현상을 관찰할 때, 그 사람이 보고 생각하는 태도나 방향, 처지를 말합니다. 사실이나 현상, 원인에 대한 글쓴이의 판단이기도 하지요.

먼저 관점이 잘 드러난 글을 묶어 읽혀 아이들이 관점에 대한 인식을 정확하게 할 수 있도록 해야 합니다.

비판적 문해력을 키우기 위해서도 꼭 필요한 활동입니다. 아이들은 텍스트를 읽을 때, 이 글은 누구의 어떤 관점으로 쓰였는가를 파악할 수 있게 됩니다.

관점에 대한 집중적인 학습이 필요하다고 판단되어 관점 프로젝트를 진행했습니다. 인물에 대한 새로운 관점을 제시한 '사회운동가 헬렌 켈러', 임진왜란 직전 일본 정세에 대한 '황윤길과 김성일 글', 사건에 대한 다른 관점을 보여 주는 그림책《늑대가 들려주는 아기돼지 삼형제》등 인물, 정세, 전망, 사건에 대한 관점이 분명한 자료들로 진행했습니다.

배경지식 넓히기

주장글을 읽거나 주장을 펼칠 때 그 바탕에는 풍부한 배경지식이 있어야 합니다. 사고력은 직접 또는 간접적인 경험을 통해 만들어지는 인지적 재료들을 바탕으로 자라기 때문입니다. 풍부한 배경지식 없이 글을 읽으면 무비판적이 될뿐더러 근거 없는 억지스러운 주장을 하게 됩니다.

요즘은 지구 위기, 기후 위기를 다룬 책이 많이 나옵니다. 이 주제에 관한 배경지식을 갖추고 있으면 책이 담고 있는 주장을 파악할 수 있습니다. 또 글이 무엇을 이야기하는지 분명하게 이해할 뿐만 아니라 기후 위기 문제에 대처하는 방법들을 찾아 주장글 쓰기까지 이어서 할 수 있습니다.

주제 배경지식 넓히기 사례

주제	학습 주제	학습 제재	활동 내용
지구의 위기	플라스틱	《플라스틱 지구》(조지아 암슨 브래드쇼, 푸른숲주니어) 《고작 2℃에…》(김황, 한울림어린이)	플라스틱이나 기후 위기에 대한 인식 전환 및 사전 지식 쌓기
	온난화	《밀어내라》(이상옥, 한솔수북) 《달샤베트》(백희나, 책읽는곰)	지구 온난화와 생명들의 위험 상황 알기
	해양쓰레기	《할머니의 용궁 여행》(권민조, 천개의바람) 《아기 거북이 클로버》(조아름, 빨간콩) 《플라스틱 섬》(이명애, 상출판사)	해양 쓰레기와 바다 생명들의 위기 알기
	지구를 위한 실천	《빨간지구 만들기 초록지구 만들기》(한성민, 파란자전거) 《괴물들이 사라졌다》(박우희, 책읽는곰)	초록지구를 위해 우리가 할 일 주장 글쓰기
	지구, 기후 위기 알리기	지구를 구하라	표어, 포스터 만들기

생활과 관련한 주장글 읽기

지난 교육 과정 6학년 교과서에 나온 글 '식탁 위의 작은 변화'로 주장글 수업을 한 적이 있습니다. 이 주제도 '육식 위주의 식탁 문화'를 바꾸자는 일방적 주장글을 읽고 요약하기로 끝나지 않기 위해 프로젝트로 진행했습니다. 가장 먼저 아이들에게 내가 좋아하는 음식의 주 재료를 조사해 오게 했습니다. 아이들은 각자 자신들이 조사한 좋아하는 음식에 동물성 재료가 빠짐없이 들어간다는 사실에 놀라워했지요.

생활 속에서 우리는 얼마나 육식에 치우쳐 있는지를 확인하고 채식에 대한 사전 지식 점검표로 자신의 생각을 먼저 체크합니다. 자료글을 읽은 후 같은 문장에 체크한 뒤 자신의 사전 지식 오류를 점검합니다.

'식탁 위의 작은 변화'를 중심으로 한 프로젝트 수업 계획

'식탁 위의 작은 변화'를 위해		
생활 속 육식	가장 좋아하는 음식의 주 재료 조사	
채식과 육식에 대한 사전 지식 점검	바탕글 읽고 사전 지식 점검하기	음식 속에 들어간 동물성 재료들
채식과 육식, KWL로 정리하기	《지구를 위해 모두가 채식할 수는 없지만》 (하루치, 판미동) 《앵커 씨의 행복 이야기》 (남궁정희, 노란돼지)	인간의 육식을 위한 동물의 삶, 채식 및 육식에 대한 지식 정리
육식과 채식에 대한 입장 정하고 사례 모아 글쓰기	자신의 입장을 뒷받침할 사례 모아서 토론하고 글쓰기	주장 밝히기

또 다른 자료를 KWL 전략으로 읽으면서 채식과 육식에 대한 배경지식을 넓힙니다.

사전 지식의 오류를 살피고 배경지식을 넓혀 자신의 입장을 정리해서 토론 입론 쓰기를 합니다. 자료나 사례를 찾아오게 해서 설득력 있게 쓰도록 해야 토론이 활발해집니다. 주장글 형식으로 토론 입론을 쓴 뒤 토론하는 중에 변화된 생각도 기록하여 글을 씁니다.

토론 입론 쓰기

토론 주제	채식을 하자
주제에 대한 입장	채식을 하자에 찬성한다.
근거1	미국은 대표적인 육식 나라인데 비만인 사람들이 많다.
사례	미국 아이들의 30% 이상이 육식으로 인한 비만이다.
근거2	육식을 함으로써 성인병이나 많은 질병에 걸릴 수 있다.
사례	외할머니도 육식을 많이 하셔서 동맥경화에 걸린 적이 있다. 채식을 하면서 동맥경화 현상이 사라졌다.
반대 입장의 주장과 근거에 대한 생각	고기를 안 먹으면 힘이 없다고 하는데 오히려 고기를 먹으면 몸이 둔해지고 재빠르지도 못하다.
결론	채식을 하자.
위의 자료를 바탕으로 토론을 위한 입론을 써 보세요.	
우리나라 사람들의 식습관이 육식으로 바뀌어 가고 있습니다. 육식! 한순간의 즐거움이 미래를 망치고 채식은 미래를	

건강하게 합니다.

또 고기에는 많은 불포화지방산이 들어 있어 우리 몸속으로 들어오면 비만이 되고 성인병인 동맥경화 등을 유발합니다. 우리 외할머니도 육식을 워낙 좋아하셔서 동맥경화 진단을 받으셨는데 채식으로 바꾸면서 동맥경화가 치료되었다는 이야기를 들었습니다.

또 운동하는 사람들이나 성장기 어린이는 고기를 반드시 먹는다고 하지만 실제로 운동선수 중에도 채식을 하는 사람이 많고 성장기 어린이에게도 오히려 채식은 두뇌에도 좋다고 합니다. 또 고기 섭취량을 줄이거나 먹지 않으면 생명을 존중할 수 있습니다. 소고기나 돼지고기 닭고기 등은 동물의 생명을 해쳐야 나오는 것들입니다.

또 소를 키우고 가축을 키우기 위해 지나친 방목으로 푸른 초원이 점점 사막화되어 환경을 더욱 파괴하고 있습니다.

식습관, 이제 채식으로 바꿔야 합니다.

주장글, 짜임을 익혀 효율적으로 읽고 쓰기

설명글과 마찬가지로 주장글을 읽거나 쓸 때 짜임을 알면 매우 효율적으로 읽고 쓸 수 있습니다. 짜임을 익히는 학습은 주장글을 본격적으로 배울 시기에 합니다. 주장글을 읽거나 쓸 때 짜임을 익히면 주장을 맞댈 때 왜 그렇게 생각하는지의 원인이나 근거를 서로 맞댈 수 있습니다. 또 자신의 주장을 설득력 있게 증거를 대며 할 수도 있지요. 그래서 '어떻게 하자는 것인가'로 주장을 맞댈 때는 해결 방법을 서로 내밀고 해결 방법의 타당성과 가능성을 가

늠해 보며서 서로의 생각이 맞대어져야 합니다. 따라서 주장글의 짜임에 맞게 글을 읽으면서 원인, 근거, 해결 방법에 대해 집중해서 살피고 그에 대해 자신의 생각이나 주장을 견주는 방식으로 해야 사고가 논리적이면서 깊이도 깊어집니다.

주장글 짜임으로는 주장 근거 짜임, 문제 근거 해결 방법 짜임, 문제 원인 해결 방법 짜임, 문제 해결 방법 짜임이 있습니다.

주장 근거 짜임 주장글

해양 쓰레기 어떻게 해야 하나?

주장 : 바다 쓰레기를 줄이려면 어망 처리에 신중해야 한다.
근거 : 바다 쓰레기의 절반에 가까운 46%의 플라스틱 쓰레기가 '어망'이라고 밝혀졌다.

문제 근거 해결 방법 짜임 주장글

인간도 곧 사라져요

문제 : 생명들이 사라지고 있어요.
근거 : 전 세계 기상학자와 과학자들은 지구 평균 기온이 산업 혁명 이전보다 1.5℃ 넘게 오르면 폭염과 폭우, 폭설과 가뭄 등의 기후 재앙이 극심해지고, 2℃ 넘게 오르게 되면 지구 생물의 최대 30%가 멸종한다고 한다.
해결 방법 : 지구의 평균 기온을 올리는 주 원인인 화석 연료 사용을 줄여야 한다.

문제 원인 해결 방법 짜임 주장글

북극곰의 터전 해빙이 사라져요

문제 : 북극의 해빙이 사라진다. 해빙을 옮겨 다니며 사냥을 하는 북극곰에게 해빙은 삶의 터전이다. 해빙이 사라지면 북극곰은 삶의 터전을 잃고 먹이를 찾을 수 없는 치명적인 위기를 맞게 된다.

원인 : 해빙이 사라지는 가장 큰 원인은 기후 온난화이다. 지구 온난화로 바다 얼음이 사라지면서 북극곰 개체 수는 지난 10년 새 절반 가까이 급감했다.

해결 방법 : 지구 온난화를 멈추게 하고 북극곰을 보호할 방법은 재생 에너지 개발이다.

문제 해결 방법 짜임 주장글

북극곰이 사라지고 있다

문제 : 빙하가 녹아 북극곰이 살 데가 없다. 2008년 5월 북극곰은 멸종 위기 종으로 지정되었다. 지구 온난화로 북극의 빙하는 매우 빠른 속도로 녹고 있고, 빙하의 감소로 북극곰은 사냥터와 쉴 곳이 줄어 힘든 시간을 보내고 있다.

해결 방법 : 첫째, 화석 연료 사용을 줄인다.
둘째, 북극 보호 구역을 지정하여 북극을 보호한다.

주장글 제대로 읽기

첫째, 근거의 적절성을 따져 가며 읽습니다.

주장 근거 짜임의 주장하는 글을 읽을 때는 그 근거가 주장과 밀접한 관련이 있는지 또 근거가 모두가 공감할 수 있는지 판단하는 것이 중요합니다.

다른 사람의 글이나 말에서 근거의 적절성을 따지는 것은 근거를 들어 주장하기의 밑바탕 활동입니다.

둘째, 해결 방법의 적절성을 따져 가며 읽습니다.

주장하는 글 중 문제 해결 방법 짜임으로 된 글을 아이들이 읽을 경우에는 해결 방법이 적절한지를 따지면서 읽게 해야 합니다. 문제 해결 방법으로 문제에 대한 근거나 원인에 반박을 할 수도 있습니다.

하지만 초등 아이들은 객관적 데이터인 근거나 원인에 대해서 어떤 입장을 갖는다는 게 쉽지 않습니다.

이런 경우에는 짜임에 맞는 학습지를 제공하여 해결 방법에 대한 적절성을 점수로 주고 자신만의 해결 방법을 찾아보게 합니다.

주장글 제대로 쓰기

책 읽고 주장글 쓰기

책을 읽고 주장글을 쓰면 책에서 이유와 근거를 찾을 수 있어서 좋습니다. 어떤 주제에 대한 책을 읽고, 그 주제를 주장글이나 그림으로 표현하는 방법입니다.

'지속 가능한 지구 살리기'를 주제로《플라스틱 지구》와《할머니의 용궁 여행》,《아기 거북이 클로버》그림책을 묶어 읽어 주었습니다. 책을 읽으며 플라스틱이 얼마나 많이 생산되고 있는지, 또 플라스틱이 얼마나 심각한 문제를 일으키고 있는지 충분히 공감하게 한 다음 새롭게 알게 된 사실과 함께 생활에서 실천할 것을 문제 해결 짜임으로 글을 쓰게 했습니다.

책 읽고 알게 된 플라스틱의 문제점

알게 된 점

① 플라스틱 섬이 있는 것은 알고 있었지만, 그 크기가 우리나라의 16배인 줄 몰랐다.
② 거북이 해파리를 먹는지도 새롭게 알았지만 플라스틱(비닐 봉지)을 먹이로 착각해 먹는다는 사실을 알게 되었다.
③ 플라스틱이 1초에 2만 개가 팔린다는 사실을 알았다.
④ 플라스틱이 썩는 데 500년이나 걸린다.
⑤ 바다 생명이 플라스틱 때문에 1년에 1억 마리씩 죽는다.

책 읽고 문제 해결 짜임으로 쓴 주장글

플라스틱 지구에서 초록지구로 되돌리려면

문제 : 지구가 플라스틱으로 덮여 가고 있다는 말을 이제야 실감한다. 지구를 구성하는 땅과 바다가 모두 플라스틱 천지가 되고 있다고 한다. 땅은 과연 얼마나 플라스틱으로 덮여 있나?

근거 : 우리의 작은 생활 속에서 플라스틱은 끊임없이 쓰이고 또 흔적으로 남는다. 입다 버린 옷도 플라스틱으로 남고 오늘 먹은 작은 김도 작은 포장 비닐과 함께 플라스틱 쓰레기가 나온다. 내가 앉은 의자며 책상이며 우리 가족이 아침마다 하나씩 들고 나간 생수병도 플라스틱이다. 그런 플라스틱은 썩는 데 500년이 넘게 걸린다. 오염 물질을 내뿜기 때문에 태울 수도 없다.

땅도 그렇지만 바다는 어떤가? 태평양은 우리나라 땅덩어리의 16배가 넘는 플라스틱 섬이 만들어지고 그런 섬들이 5개나 된다고 한다. 공기 중에도 작고 작은 미세 플라스틱이 수없이 떠돌고 있다.

우리는 그것을 마신다. 지구를 구성하는 땅과 물과 공기가 플라스틱으로 덮여 가고 있다. 그러면서 지구에 살던 수많은 생명들이 목숨을 잃고 있고 우리 인간도 알 수 없는 질병에 시달리며 멸종의 길로 가고 있다. 어떻게 해야 할까?

해결 방법 : 첫째, 우리 집에 생수를 시켜 먹는 것을 중단하자고 할 것이다.

둘째, 옷을 지나치게 많이 사는 것을 줄이자고 하겠다.

셋째, 육식을 줄이고 플라스틱이 덜 들어가는 제품을 사겠다.

내가 지금 당장 할 수 있는 것들부터 시작해 보자.

《괴물들이 사라졌다》를 읽고도 간단하게 책의 내용을 파악한 뒤 주장글을 쓸 수 있습니다. 다양한 생명들이 어떻게 사라지는가를 환경 문제와 연결하면 구체적인 정보를 알게 됩니다. 사라져 가는 생명을 보호하기 위해 어떻게 해야 하는지 주장에 대한 근거들도 명확해집니다.

《괴물들이 사라졌다》 읽고 주장글 쓰기

1. 《괴물들이 사라졌다》에 나온 괴물과 그 괴물이 없어진 이유를 연결해 보세요.

예티	갓파	박쥐인간	크라켄
•	•	•	•
•	•	•	•
사람들이 동굴을 깨고 부수고 파서	히말라야산맥의 눈이 다 녹아 버려서	기름이 바다를 시커멓게 물들여서	늪이 온통 쓰레기로 가득 차서

2. 《괴물들이 사라졌다》를 읽고 지구상에 생명들이 사라지지 않도록 사람들이 어떤 실천을 해야 하는지 제안해 보세요.

문제 :
해결 방법 : ①
②
③
④

표어, 포스터로 주장 표현하기

표어나 포스터도 주장의 한 표현입니다. 표어나 포스터는 짧은 문장과 이미지로 자신의 주장을 함축적으로 나타내야 하므로 주장하는 바가 무엇인지가 분명하고 선명해야 합니다. 지구 사랑, 환경 사랑 포스터 그리기를 할 때도 막연히 푸른 지구, 지켜 나가야 할 지구보다는 지구는 어떤 위기에 처해 있는지, 그리고 당장 무엇을 해야 하는지 구체적이면서도 강렬한 메시지가 있어야 합니다.

그러기 위해서는 표어 포스터를 만들 때도 충분한 사전 지식이 있어야 하고 다양한 자료들을 보고 자신이 주장하는 바를 분명히 하는 것이 좋습니다.

4학년 아이들과 포스터 그리기를 마지막 활동으로 잡고 기후 위기와 플라스틱에 대한 다양한 책 읽기와 토론을 먼저 했습니다. 그러고 나서 학교 지구 관련 행사와도 연결해서 '지속 가능한 지구를 위하여'라는 주제로 포스터 그리기를 했지요.

라온이는 그동안 플라스틱 문제에 대해 본인이 가장 강력하게 주장하고 싶은 것을 표현했습니다. 초등학생이라 모방도 하고 다양한 것들을 참조해 표현했을 것입니다. 하지만 이렇게 표현하면서 라온이는 플라스틱 문제의 심각성뿐만 아니라 포스터 주장의 함축성까지 충분히 이해했다는 생각이 들었습니다.

아이들의 표현력은 상상한 것보다 뛰어났습니다. 상상은 탄탄한 지식을 바탕으로 한다는 생각도 확고해졌지요.

포스터로 주장 표현하기 사례

거북이 몸에 가득한 플라스틱을 일일이 오려서 채움으로써 해양 생물들이 플라스틱으로 죽어 가고 있음을 강조함.

일회용 그릇을 엎어 거북이를 표현하면서 플라스틱이 자연적으로 소멸되는 데 걸리는 500년을 강조함.

요구를 담은 제안글 주장글 쓰기

아이들은 주장글을 어렵게 느낍니다. 왜 그럴까요? 생활 속에서 만나는 주제보다 조금은 무겁고 어려운 주제들을 다루는 주장글을 만나기 때문입니다. 하지만 우리는 일상에서 흔히 주장이나 제안하는 말을 많이 듣기도 하고 말하기도 합니다.

> 자신의 주장을 차분하면서도 설득력 있게 펼치기 위해서는 생활 속 주제들을 선택해 자연스럽게 주장하는 글로 이어지게 하면 좋습니다.

《나도 편식할 거야》(유은실, 사계절)를 읽고 아이들과 함께 '제발'이라는 주제로 주장글 쓰기를 했습니다. 이 책은 부모가 예민한 아이를 더 챙겨 주자 편식을 하지 않는 무던한 아이가 '나에게도 관심을 주세요.' 하는 요구로 '나도 편식할 거야.'라고 결심하는 이야기를 담고 있습니다.

6학년 아이들과 책을 읽고 가장 마음에 남는 문장을 고르고 친구들이 고른 문장에 동의 표시를 하게 했습니다. 아이들은 '너까지 왜 이래?'라는 문장에 동의 표시를 가장 많이 했지요. 편식하는 오빠만 챙겨서 섭섭한 동생이 오빠한테만 주는 장조림 반찬을 달라고 하자 엄마는 '너까지 왜 이래?'라고 합니다. 엄마 입장에서는 얼마든지 할 수 있는 말인데 아이들 입장에서는 가장 마음에 걸리는 말이었던 것입니다.

'너까지 왜 이래?'를 주제로 자신이 들은 이야기들을 나누다가 주제를 조금 더 확대해서 바꿔 '제발'이라는 주제로 부모님이나 가족, 친구에게 간절한 제안이나 주장을 써 보게 했습니다.

고등학생 오빠를 둔 정은이는 편지글 형식으로 썼는데, 사춘기 형제를 둔 아이들은 특히 공감하며 박수까지 쳤습니다. 이 밖에도 친구에게 '제발 시험 점수 좀 묻지 마라.', '제발 체험 학습 다녀온 날은 학원 좀 쉬게 해 달라.'는 주장도 나왔는데 '제발'이라는 수식어가 붙어서인지 아이들 주장은 절절했습니다. 그래서 아주 설득력 있게 펼쳐졌지요.

'제발'을 주제로 쓴 주장글

제발 그 말만은

엄마, 나 정은이에요. 요즘 많이 힘드시죠?

하루가 멀다 하고 오빠네 학교와 학원에서 오빠의 땡땡이에 대한 전화가 오니까요. 그런데다가 오빠는 자기가 뭘 잘했다고 말대꾸까지 하니까 엄마가 진짜 속상하실 것 같아요. 그런데 엄마가 요즘 나한테 자주 하는 말이 뭔지 아세요?

'너까지 왜 이래?'예요.

저는 그 말을 들으면 엄마가 이해되는 게 아니라 '내가 뭘 했다고 그러는 거야?' 하는 반발심부터 생겨요. 어제 아침도 그냥 학교 가다가 잊고 온 게 있어 다시 들어가니 엄마는 그 말을 하셨고 어젯밤도 침대에 누워 카톡하는데 갑자기 들어오더니 나를 너무 한심한 사람처럼 보더니 또 그 말을 하셨어요.

엄마, 제발 '너까지 왜 이래?' 말은 하지 마세요.
그 말을 들으면 나조차 엄마를 궁지로 몰고 가는 나쁜 아이인 것 같아 엄청 죄책감이 들기도 하고 또 한편으로는 '오빠한테 속상한 걸 왜 나한테 화풀이야?' 하는 마음도 들어요.
엄마 제발요…….

이렇게 생활에서 겪은 일을 쓴 주장글은 아주 생생합니다. 예를 들어, 《잔소리 없는 날》(안네마리 노르덴, 보물창고)을 읽고 부모님께 '잔소리 없는 날을 만들어 주세요.'라는 편지를 쓸 수도 있고, 《나쁜 어린이표》(황선미, 이마주)를 읽었다면 담임 선생님께 '나쁜 어린이표를 없애 주세요.'라는 편지를 쓸 수도 있습니다.

다음 사례는 삼색 슬리퍼를 학교에서 신게 해 달라는 제안글, 자전거 타고 등교하기에 대한 주장글입니다. 이 사례를 참고해 학교에 제안할 만한 주제로 논리 있게 주장글을 써 봄으로써 실제 어떤 변화가 오는지를 경험하게 해 보는 것도 좋습니다.

제안글 사례

여름 실내화로 삼선 슬리퍼를 신게 해 주세요

교장 선생님께
초등학생들은 대부분 운동화처럼 앞뒤가 막힌 실내화를 신고 있습니다. 그런데 우리는 시원한 삼선 슬리퍼를 신고 싶어 합니다. 중학생만 되어도 실내화로 삼선 슬리퍼를 신는데 왜 초등학생들은 못 신게 하는지 궁금합니다.

선생님께 초등학생은 왜 운동화 실내화를 신어야 하냐고 여쭤 보았더니 슬리퍼는 화장실이나 계단에서 미끄러질 가능성이 훨씬 많기 때문이라고 합니다. 그런데 여름이 되면 여자아이들은 대부분 샌들을 신기 때문에 양말을 신지 않습니다. 양말을 신지 않고 운동화를 신게 되면 굉장히 찝찝해서 양말을 챙겨 와야 하는데 너무 귀찮고 불편합니다.

더운 여름에 양말도 신고 운동화처럼 생긴 실내화를 신고 하루 종일 생활하는 것은 너무나 불편한 일입니다. 그래서 살짝 벗고 있는 친구들도 있는데 냄새가 너무 지독합니다.

그래서 저는 여름만이라도 실내화를 슬리퍼로 신게 해 주면 좋겠다고 생각합니다. 요즘은 슬리퍼도 미끄러지지 않게 바닥이 울퉁불퉁하게 생겼고 화장실이나 계단에서 차분하게 걸어 다니면 미끄럼 사고가 나지 않을 수도 있습니다. 꼭 허락해 주셨으면 합니다.

6학년 강동숙 올림

자전거 타고 학교 오게 해 주세요

교장 선생님
우리 학교는 중랑천 둑방 길이라는 좋은 길이 있습니다. 차도 다니지 않고 걸어 다니는 사람들과 자전거만 다니는 길입니다.

학교에 자전거를 타고 오지 말라는 아침 방송을 많이 하시는데 저는 이해가 되지 않습니다. 찻길로 오려면 위험하니까 그럴 수도 있지만 우리 학교는 둑방 길을 이용할 수 있기 때문에 그렇게 위험하지 않습니다.

물론 다른 쪽에서 오는 친구들은 건널목을 두 번 또는 세 번 건너기도 하지만 그건 학교 오는 길만이 아닌 어느 길에서나 만날 수 있는 위험 가능성입니다.

그런데 그런 위험 가능성이 있다고 자전거를 타고 학교에 못 오게 하는 것은 말이 안 됩니다. 조심해서 타게 하고 오히려 자전거 주차장을 만들어 자전거들이 선생님들의 차랑 함께 들어오지 않게 하면 좋겠습니다.

자전거 타고 학교 오게 해 주시고 자전거 주자창도 만들어 주시면 좋겠습니다.

6학년 김영호 올림

주장글 바꿔 쓰기, 덧쓰기

제시된 주장글을 읽고 같은 주제로 자신의 생각을 덧붙여 주장글을 쓰는 방법입니다. '빼빼로데이'에 대한 주장글이 교과서에 나온 적이 있는데, 이 주장글을 읽고 각자의 입장에서 '빼빼로데이'에 대한 주장글을 바꿔 쓰기나 덧붙여 쓰기 방식으로 진행했습니다. 먼저 교과서에 나온 글은 주장 근거 짜임이라서 짜임에 맞게 글을 요약하고 분석했습니다. 그런 다음 주장 및 근거에 대한 동의 여부를 표시해서 입장을 명확하게 했지요.

아이들은 빼빼로데이 폐지보다는 찬성 쪽이어서 교과서 글 속의 주장에 반대하는 글이 대부분이었습니다. 그런데 기존 글에 대한 반박글 형식이다 보니 글쓴이의 근거들에 대한 반박이 논리적이어서 훨씬 논리적이고 설득력 있는 주장글을 쓸 수 있었습니다.

주장글 바꿔 쓰기

나는 글쓴이의 의견에 반대한다.

정체불명의 기념일이라고 하지만 정체가 분명한 것만 기념해야 하는 것인가? 다양한 기념일은 밋밋하고 재미없는 일상에 작은 파도를 일으켜서 좋다고 생각한다.

또 빼빼로데이나 화이트데이, 밸런타인데이 같은 기념일에 친구들이나 좋아하는 사람들이 자기 마음을 표현하며 즐겁게 지내는 것은 좋다고 생각한다. 빼빼로데이 같은 경우도 평소에 좋아하는 친구들에게 작은 과자로 마음을 표현하는 것은 좋다고 생각한다.

그런데 너무 그날이 마치 과자를 먹는 날처럼 생각해 과자를 너무 많이 사 오거나 무조건 친구들에게 돌리는 것은 좋은 것 같지 않다. 또 별로 친하지도 않으면서 과자 달라고 조르는 것도 안 좋다. 하지만 이런 문제 때문에 즐겁게 보낼 수 있는 날을 없애는 것은 안 좋다고 생각한다.

지희 쌤 문해력 톡톡

Q 주장하는 말하기나 토론에서 가장 중요한 것은 무엇인가요?

A 자기 주장을 펼칠 만한 주제로 주장 견주기를 하는 것입니다.

요즘 아이들은 SNS 사용 문제나 유튜버가 되는 문제에 대해 관심이 많을 뿐만 아니라 자제해야 한다는 어른들의 주장에 매우 논리적으로 자신의 주장을 펼칩니다. 이렇게 자신의 주장을 할 만한 주제로 이야기를 시작하는 것이 중요합니다.

예를 들어, 《'좋아요'가 왜 안 좋아?》(구본권, 나무를심는사람들)와 같은 책을 함께 읽습니다. 이 책은 아이들 인터넷 사용에 대한 문제를 지적하고 나름 좋은 제안을 하고 있습니다.

어떤 근거로 어린이 유튜버가 문제라고 지적하는지 각 근거에 대한 자신의 생각을 이야기해 보라고 하면 아이들은 사례와 근거를 들어 자신들의 주장을 피력하려고 합니다. 근거를 들어 이야기하면 근거의 타당성과 반론을 제기하게 됩니다. 또 문제 해결을 제안하면 문제 해결이 적절한지, 더 좋은 해결 방법은 없는지 이야기를 나누게 됩니다.

아이들이 자기 주장을 펼칠 만한 주제가 있는 책이나 자료를 읽고 주장 견주기를 하면 좋습니다.

이것만은 꼭!

설득력 있는 주장에 꼭 필요한 6가지 원칙

① 토론 주제에 대해 확인하기
② 자신의 입장을 정확히 밝히기
③ 자신이 내린 입장의 이유 말하기
④ 사례나 근거를 찾아 이유의 타당성을 논증하기
⑤ 나의 결론에 반대하는 의견을 고려하여 내 생각과 견주어 보는 반론 꺾기
⑥ 자신의 입장 다시 확인하기 또는 대안 제시하기

본문에서 소개한 어린이책 및 참고문헌

| 이야기 그림책 |

《강아지똥》(권정생, 길벗어린이, 1996)
《개구쟁이 ㄱㄴㄷ》(이억배, 사계절, 2005)
《곰돌이 워셔블의 여행》(미하엘 엔데, 보물창고, 2015)
《괴물들이 사라졌다》(박우희, 책읽는곰, 2011)
《그래! 이 닦지 말자》(여기최병대, 월천상회, 2023)
《그럴 때가 있어》(김준영, 국민서관, 2020)
《기분을 말해 봐!》(앤서니 브라운, 웅진주니어, 2011)
《나무 도장》(권윤덕, 평화를품은책, 2016)
《낱말 공장 나라》(아네스드 레스트라드, 세용출판, 2009)
《노를 든 신부》(오소리, 이야기꽃, 2019)
《누가 내 머리에 똥 쌌어?》(베르너 홀츠바르트, 사계절, 2002)
《눈물빵》(고토 미즈키, 천개의바람, 2019)
《늑대가 들려주는 아기돼지 삼형제 이야기》(존 셰스카, 보림, 1996)
《늑대의 선거》(다비드 칼리, 다림, 2021)
《다니엘이 시를 만난 날》(미카 아처, 비룡소, 2018)
《리디아의 정원》(사라 스튜어트, 시공주니어, 2022)
《마음이 퐁퐁퐁》(김성은, 천개의바람, 2017)
《모기는 왜 귓가에서 앵앵거릴까?》(버나 알디마, 보림, 2003)
《무명천 할머니》(정란희, 위즈덤하우스, 2018)
《뭐 어때!》(사토신, 길벗어린이, 2016)
《박박 바가지》(서정오, 보리, 2016)
《벚꽃 팝콘》(백유연, 웅진주니어, 2020)
《봄의 원피스》(이시이 무쓰미, 주니어김영사, 2019)
《부엉이와 보름달》(제인욜런, 시공주니어, 2000)
《세상에서 가장 힘이 센 말》(이현정, 달달북스, 2020)
《슈퍼 거북》(유설화, 책읽는곰, 2018)
《슈퍼 토끼》(유설화, 책읽는곰, 2020)
《시간이 흐르면》(이자벨 미뇨스 마르틴스, 그림책공작소, 2016)
《아기 거북이 클로버》(조아름, 빨간콩, 2020)
《아주 신기한 알》(레오 리오니, 마루벌, 2000)
《어뜨 이야기》(하루치, 현북스, 2019)
《어쩌다 여왕님》(다비드 칼리, 책읽는곰, 2014)

《울지 마, 동물들아!》(오은정, 토토북, 2020)
《이야기 주머니 이야기》(이억배, 보림, 2008)
《적》(다비드 칼리, 문학동네, 2008)
《줄무늬가 생겼어요》(데이비드 섀논, 비룡소, 2006)
《진정한 일곱 살》(허은미, 만만한책방, 2017)
《큰일 났다》(김기정, 다림, 2020)
《탁탁 톡톡 음매~ 젖소가 편지를 쓴대요》(도린 크로닌, 주니어RHK, 2022)
《파랑이와 노랑이》(레오 리오니, 물구나무, 2003)
《프레드릭》(레오 리오니, 시공주니어, 1999)
《플라스틱 섬》(이명애, 상출판사, 2014)
《할머니의 용궁 여행》(권민조, 천개의바람, 2020)
《훨훨 간다》(권정생, 국민서관, 2003)

| 지식 그림책 · 정보책 |

《'좋아요'가 왜 안 좋아?》(구본권, 나무를심는사람들, 2023)
《고작 2℃에…》(김황, 한울림어린이, 2023)
《구름은 어떻게 구름이 될까?》(롭 호지슨, 북극곰, 2022)
《기후 위기 안내서》(안드레아 미놀리오, 원더박스, 2021)
《위대한 동물사전》(마르셀로 마잔티, 라임, 2021)
《플라스틱 지구》(조지아 암슨 브래드쇼, 푸른숲주니어, 2019)

| 동화책 |

《갈매기에게 나는 법을 가르쳐 준 고양이》(루이스 세불베다, 바다출판사, 2021)
《까먹어도 될까요》(유은실, 창비, 2022)
《나도 편식할 거야》(유은실, 사계절, 2011)
《나쁜 어린이표》(황선미, 시공주니어, 2024)
《마사코의 질문》(손연자, 푸른책들, 2009)
《서정오의 우리 옛이야기 백가지 1, 2》(서정오, 현암사, 2015)
《엄마의 마흔 번째 생일》(최나미, 사계절, 2012)
《엉뚱이 소피의 못 말리는 패션》(수지 모건스턴, 비룡소, 2000)
《우주 호텔》(유순희, 해와나무, 2012)
《잔소리 없는 날》(안네마리 노르덴, 보물창고, 2015)
《조커, 학교 가기 싫을 때 쓰는 카드》(수지 모건스턴, 문학과지성사, 2000)
《책과 노니는 집》(이영서, 문학동네, 2009)
《화요일의 두꺼비》(러셀 에릭슨, 사계절, 2014)

| 동시집 · 시집 |

《Z교시》(신민규, 문학동네, 2017)
《고양이와 통한 날》(이안, 문학동네, 2008)
《국어 시간에 시 읽기 1》(전국국어교사모임 엮음, 휴머니스트, 2020)
《놀아요, 선생님》(남호섭, 창비, 2007)
《농촌 아이의 달력》(안도현, 봄이아트북스, 2023)
《맨날맨날 착하기는 힘들어》(안진영, 문학동네, 2013)
《별똥 떨어진 곳》(정지용, 푸른책들, 2017)
《불량 꽃게》(박성우, 문학동네, 2008)
《선생님을 이긴 날》(김은영, 문학동네, 2008)
《쉬는 시간 언제 오냐》(전국초등국어교과모임 엮음, 상상정원, 2024)
《시 노래 이야기》(백창우 외, 푸른칠판, 2023)
《아기 까치의 우산》(김미혜, 창비, 2005)
《콩, 너는 죽었다》(김용택, 문학동네, 2018)
《할아버지 요강》(임길택, 보리, 2001)

| 참고문헌 |

《EBS 당신의 문해력》(EBS 당신의 문해력 제작팀, EBS Books, 2021)
《그림책으로 읽는 아이들 마음》(서천석, 창비, 2015)
《다시, 책으로》(매리언 울프, 어크로스, 2019)
《도둑맞은 집중력》(요한 하리, 어크로스, 2023)
《맨 처음 한글 쓰기》(김영주 · 김민겸, 휴먼어린이, 2023)
《바실리 수호믈린스키 아이들 한 명 한 명 빛나야 한다》(앨런 코커릴, 한울림, 2019)
《불안 세대》(조너선 하이트, 웅진지식하우스, 2024)
《소설처럼》(다니엘 페나크, 문학과지성사, 2018)
《어린이와 그림책》(마쓰이 다다시, 샘터, 2012)
《유튜브는 책을 집어 삼킬 것인가》(김성우 · 엄기호, 따비, 2020)
《읽는 인간 리터러시를 경험하라》(조병영, 쌤앤파커스, 2021)
《책 읽기는 귀찮지만 독서는 해야 하는 너에게》(김경민·김비주, 우리학교, 2022)
《하루 15분 책읽어주기의 힘》(짐 트렐리즈 · 신디 조지스, 북라인, 2020)
《학교 속의 문맹자들》(엄훈, 우리교육, 2012)
《한글의 비밀》(김근후, 북치는마을, 2013)

문해력이 쑥쑥!
진짜 초등국어 공부법

1판 1쇄 펴낸날 2025년 1월 20일

지은이 박지희

펴낸이 김상원 정미영
펴낸곳 상상정원
출판등록 제2020-000141호
주소 (05691) 서울시 송파구 삼학사로 6길 33, 1층
전화 070-7793-0687
팩스 02-422-0687
전자우편 ss-garden@naver.com

ISBN 979-11-92554-07-5 13590